KB263554

쇼클리가 들려주는 반도체 이야기

쇼클리가 들려주는 반도체 이야기

ⓒ 류장렬, 2011

초판 1쇄 발행일 | 2011년 4월 30일
초판 11쇄 발행일 | 2020년 9월 3일

지은이 | 류장렬
펴낸이 | 정은영
펴낸곳 | (주)자음과모음

출판등록 | 2001년 11월 28일 제2001-000259호
주   소 | 04047 서울시 마포구 양화로6길 49
전   화 | 편집부 (02)324-2347, 경영지원부 (02)325-6047
팩   스 | 편집부 (02)324-2348, 경영지원부 (02)2648-1311
e-mail | jamoteen@jamobook.com

ISBN 978-89-544-2221-5 (44400)

쇼클리가 들려주는

반도체 이야기

| 류장렬 지음 |

㈜자음과모음

첨단 과학 시대를 이끌어 갈
청소년을 위한 '반도체' 이야기

반도체에서 일어나는 현상은 19세기 초에 처음 발견하였고, 20세기에 접어들어 여러 과학자에 의해 반도체의 내부 광전 효과와 정류 작용에 대해 알게 되었습니다. 그렇지만 반도체 자체의 동작 원리에 대해서는 누구도 명확히 이해하지 못했지요.

그 후 1926년에 파동 방정식이 발표되면서 반도체에서의 현상이 하나둘 해명되기 시작하였습니다. 그리고 1947년 바딘과 브래튼에 의해 점접촉 트랜지스터가 발견되었고, 이어서 쇼클리에 의한 'p−n 접합 이론'이 발표되었지요. 쇼클리가 접합 트랜지스터를 발명하면서 본격적인 반도체 시대로 접어들게 된 것입니다.

우리나라에서는 1983년 국내 대기업이 반도체 사업에 진출하여 최초로 64KD램을 국산화하는 데 성공하였습니다. 이러한 반도체 공장 가동을 시작으로 기억 소자인 메모리의 생산 기반이 구축되었지요.

1990년대 전반은 메모리 산업이 성숙기로 접어들어 연평균 50%를 넘는 신장세를 기록하며 미국과 일본에 이어 세계 3위의 생산 대국으로 자리 잡게 되었습니다. 1990년대 후반부터 현재까지 우리의 반도체 기술은 단일 품목으로 가장 큰 수출 이익을 높이고 있는 효자 종목이 되었지요. 그리고 그 역할은 앞으로도 계속 지속될 것으로 기대하고 있습니다.

이렇듯 비약적으로 발전하여 세계로 뻗어 나간 우리의 반도체 기술은 국가의 기반 산업으로써 해외로 수출하는 거의 모든 제품의 경쟁력이 되고 있습니다. 그리고 앞으로는 제2의 쇼클리를 꿈꾸는 여러분이 우리의 반도체 산업에 더 큰 힘을 실어 주기를 소망합니다.

마지막으로 이 책이 출간될 수 있도록 지원을 아끼지 않은 (주)자음과모음 편집부 여러분에게 감사드립니다. 또한 교정에 수고를 아끼지 않은 반도체실의 학생들과 책에 대한 많은 정보를 제공해 준 아들 정우에게 고마움을 표합니다.

류 장 렬

차례

1

미아가 된 자유 전자

원자와 전자에 대해 살펴보고,
물질 속에서 자유 전자가 하는 일을 알아봅시다.

미아가 된 자유 전자

쇼클리가 자랑스럽게 자기소개를 하면서 첫 번째 수업을 시작했다.

여러분, 안녕하세요. 내 소개를 하지요. 난 미국의 물리학자 쇼클리(William Shockley, 1910~1989)입니다. 태어난 곳은 영국 런던이지만 어릴 적 광산 기사인 아버지를 따라 미국으로 건너가 쭉 미국에서 자랐지요.

학창 시절에 나는 어려운 수학이나 과학 문제를 접했을 때 기존 틀에서 벗어나 기발한 방법으로 답을 찾아내는 학생으로 유명했답니다. 이러한 나의 독창적인 성격이 지금의 트랜지스터를 발명하게 된 바탕이 되었다고 할 수 있지요.

여러분도 항상 똑같은 방법 말고 가끔은 틀을 벗어난 독창

적이고 기발한 생각을 해 보세요. 훌륭한 과학자가 될 수 있는 밑거름이 될 테니 말이에요. 네? 벌써 그렇게 하고 있다고요? 하하하, 내가 괜한 걱정을 했군요. 나처럼 독창적이고 기발한 생각을 자주 하는 학생들이라면 내 수업 내용을 아주 잘 이해할 수 있겠는걸요?

쇼클리가 무엇인가를 꺼내어 학생들에게 보여 주며 설명했다.

여러분, 이것이 무엇일까요?
＿ 반도체 아닌가요?

역시 눈치가 빠르군요. 이것이 바로 우리가 앞으로 공부해
야 할 반도체랍니다. 크기가 매우 작지요? 손으로 짚기도 어
려울 만큼 이렇게 작은 반도체의 원리를 이해하기 위해서는
많은 과학적 지식이 바탕이 되어야 합니다. 지금부터 차근차
근 나와 함께 반도체 기술에 대해서 알아보도록 합시다.

쇼클리가 모니터에 세 장의 사진을 출력하여 학생들에게 보여 주며
질문했다.

지금 여러분이 보고 있는 사진 속 세 물건들의 공통점은 무
엇일까요?

전기가 쓰이는 생활용품들

　전기를 사용하는 생활용품들입니다.

　정확히는 모르겠지만 모두 반도체가 들어 있을 것 같은데요?

　네, 모두 맞았습니다. 반도체가 들어 있는 전기용품들이지요. 이 사진 속 전기용품들과 같이 전기와 반도체는 떼려야 뗄 수 없는 관계랍니다. 그래서 나는 반도체에 대해 공부하기 전에 전기에 대해 자세히 알아보고자 합니다.

전자와 원자

　전기는 다른 말로 '전자의 활동'이라고 할 수 있습니다. 여기서 전자란 전기를 만드는 아주 작은 알갱이를 말하지요. 우리 눈으로는 그 존재를 절대 확인할 수 없는 아주 미세한 입자입니다. 전자라는 매우 작은 알갱이들이 모여 전기를 만드는 것이지요.

　또한 전자는 원자를 구성하는 입자 중 하나입니다. 원자란 지구 상에 존재하는 물질을 구성하는 기본 단위를 말합니다. 원자는 원자핵과 전자로 이루어져 있고, 원자핵은 양성자와 중성자로 이루어져 있습니다.

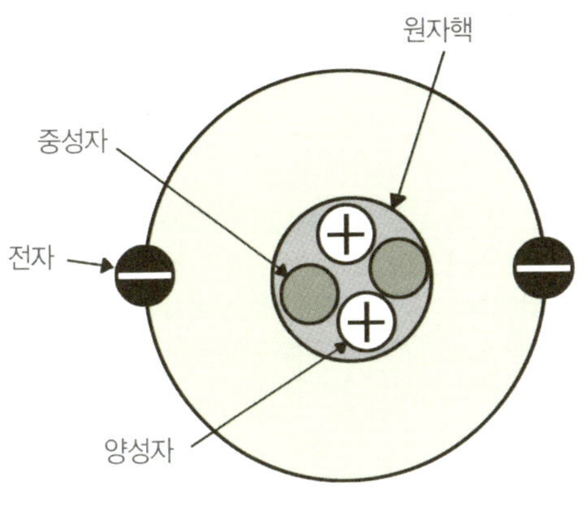

원자의 구성 요소

중성자는 전하를 띠지 않고, 양성자는 양전하를 띠기 때문에 원자핵은 양전하를 띱니다. 그리고 전자는 음전하를 띠지요. 그래서 원자핵의 양성자와 전자의 수가 같은 원자는 전기적으로 중성을 띠게 됩니다.

전자는 원자핵의 힘에 의해서 밖으로 나가지 못하고 원자핵과 일정한 간격을 유지하며 궤도 운동(물체가 어떤 점을 중심으로 타원이나 원을 그리면서 계속해서 도는 운동)을 하고 있습니다. 원자핵은 전자를 끌어당길 수 있는 힘을 가지고 있는 것입니다.

태양과 지구에 비유하여 설명해 볼까요? 지구는 365일 동안 태양 주위를 한 바퀴 돌지요. 태양의 중력으로 지구가 정

전하

물체가 띠고 있는 전기의 양을 나타내는 말로 양전하와 음전하가 있다. 모든 전기 현상은 전하에 의해 일어나며, 전하의 흐름을 전류라고 한다 (전하를 가지고 있으면서 이동할 수 있는 입자는 전자밖에 없으므로 전류는 전자의 흐름이기도 함). 전하의 양을 전하량이라고 하는데, 단위는 C(쿨롱)을 사용한다.

해진 궤도를 벗어나지 않고 돌고 있듯이 전자도 원자핵을 중심으로 정해진 궤도만을 운동하고 있답니다.

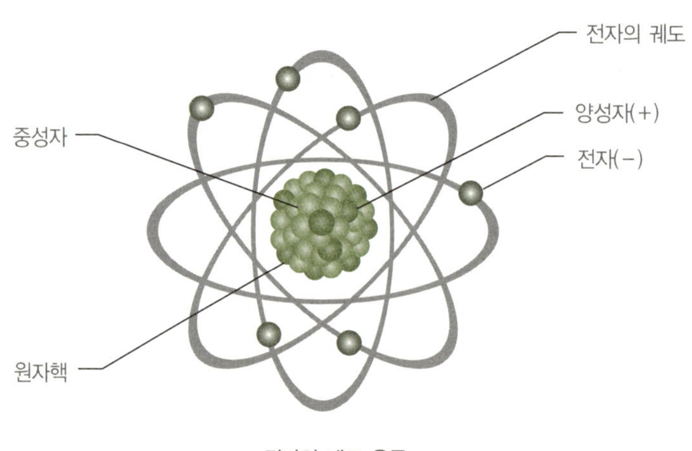

전자의 궤도 운동

나는 이번 수업의 제목을 '미아가 된 자유 전자'라고 하였습니다. 앞에서 설명한 전자와 수업 제목 속 자유 전자의 차이점은 무엇일까요?

__ 전자 중에서도 매우 자유롭게 돌아다닐 수 있는 것들을 자유 전자라고 하는 것 같아요.

네, 잘 대답했어요. 전자와 자유 전자 이 둘은 같은 것입니다. 전기란 물질 속에 있는 전자의 활동이라고 했지요? 전자가 활동하여 전기용품을 작동시키려면 원자핵에 묶여져 있지 않고 자유롭게 움직일 수 있어야 합니다. 이렇게 원자핵 주변의 궤도를 벗어나 자유롭게 움직일 수 있는 전자를 자유 전자(free electron)라고 합니다.

한마디로 원자핵에 묶여 있는 것은 전자, 전자가 원자핵을 벗어나 자유로워진 것은 자유 전자라고 정의할 수 있지요. 그리고 이 자유 전자를 가장 많이 가지고 있는 물질이 바로 금속입니다. 우리 금속 안을 살펴볼까요?

쇼클리가 모니터를 통해 자료 화면을 보여 주었다.

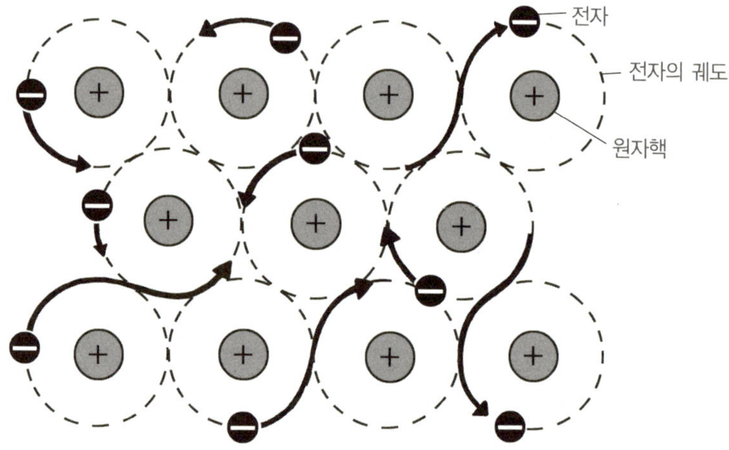

금속에서 전자의 운동

금속을 구성하는 모든 원자는 매우 규칙적으로 배열되어 있습니다. 그런데 원자핵 주위를 돌고 있는 전자 중 몇 개는 이웃하는 원자에 가서 그 원자핵 주위를 서성거리며 느슨하게 돕니다. 이렇게 느슨하게 돌고 있는 전자는 바로 원자핵에서 떨어져 나올 수 있습니다.

이런 일이 연쇄적으로 일어나면 원자핵 주위를 돌고 있는 어떤 전자들은 원래 자신이 살고 있던 원자를 찾지 못해 떠돌이 신세가 된답니다. 그래서 어느 원자에도 속하지 않아 다른 원자들의 주위를 떠도는 미아가 되는 것이지요. 여러분, 이 '미아가 된 전자'가 무엇일까요?

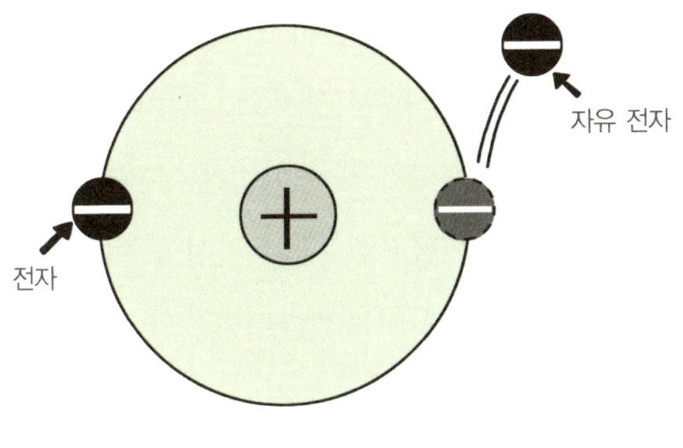

＿ 자유 전자이지요?

네, 맞습니다. 그리고 물질 속에 있는 원자에 전자가 어떻게 묶여 있는가에 따라서 자유 전자가 되기 쉬울 수도 있고, 어려울 수도 있습니다. 이것은 자유 전자가 되기 쉬운 전자를 많이 가지고 있는 물질도 있고, 그렇지 못한 물질도 있다는 것을 의미합니다.

도체와 부도체 그리고 반도체

여러분도 잘 알다시피 우리 주변에 있는 모든 물질들이 전기를 통하는 것은 아닙니다. 전기 회로에 이용되는 구리 전

선이나 철로 만들어진 못 등은 전기가 통하지만 나무나 고무 같은 물질들은 전기가 통하지 않지요. 그렇다면 전기가 통하는 물질과 통하지 않는 물질의 차이점은 무엇일까요? 전기를 사용하는 곳에 반드시 필요한 구리 전선을 이용해서 여러분이 이해하기 쉽도록 설명해 보겠습니다.

쇼클리가 전자 현미경의 스위치를 눌렀다.

모니터에 전자들이 움직이는 모습이 보이지요? 구리는 여러분이 보는 바와 같이 자유 전자를 많이 가지고 있어서 전기

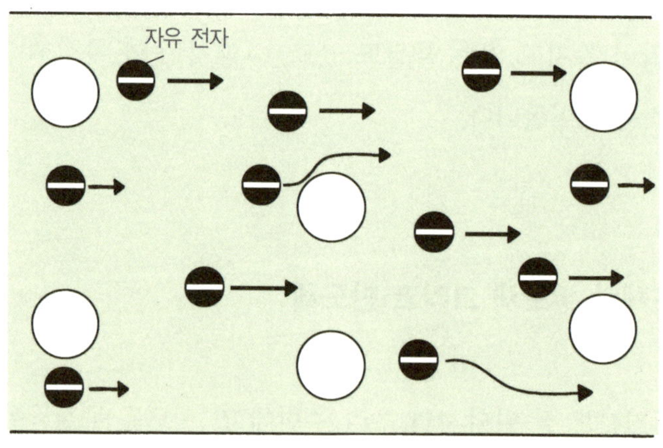

구리선 안에서 전자의 운동

가 잘 통한답니다. 그래서 전기가 이동하는 길인 전선으로 널리 사용되고 있지요. 구리와 같이 자유 전자가 많아서 전기를 통할 수 있게 해 주는 물질을 도체라고 합니다. 구리 외에도 금, 은, 철 등의 물질이 도체에 속하지요.

도체와는 반대로 전자가 원자 주위에서 떨어지려고 하지 않아 자유 전자로 되기 어려운 물질이 있는데, 이러한 물질을 부도체라고 합니다. 그 대표적인 예로 나무나 고무, 공기를 이루는 산소(O_2)와 질소(N_2) 등이 있습니다.

물질 속의 전자가 원자에 붙어 있으려는 성질이 강한지 약한지에 따라서 도체와 부도체로 나눌 수 있습니다. 그런데 어떤 물질은 특정한 조건에서 도체와 부도체의 중간적 성질을 띠기도 하는데, 이러한 물질을 반도체라고 합니다. 말 그

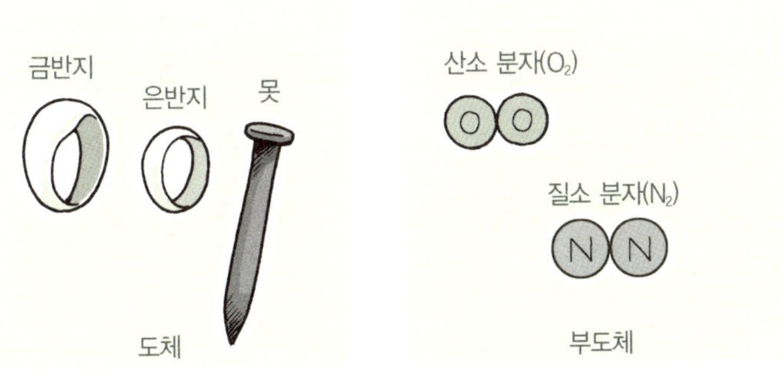

도체와 부도체의 종류

대로 반만 도체, 나머지 반은 부도체라는 것을 의미하지요. 도체보다는 자유 전자의 흐름이 절반 정도 덜 흐르고, 부도체보다는 자유 전자의 흐름이 절반 정도 더 잘 흐른다는 뜻이기도 합니다.

자유 전자가 전구에 불을 켜는 원리

쇼클리는 두 종류의 전기 회로를 만들었다. 한쪽은 소형 건전지와 구리선으로 전구를 연결하고, 다른 한쪽은 소형 건전지와 고무줄로 전구를 연결하였다.

두 회로 중에 전구에 불이 켜지는 회로는 무엇일까요?
＿ 구리선으로 연결한 회로입니다.
네, 맞습니다. 구리는 자유 전자가 많이 들어 있는 도체이므로 전기가 잘 통합니다. 그래서 전구에 불이 켜지는 것이지요. 그렇다면 고무줄로 연결한 전구에는 왜 불이 켜지지 않는 걸까요?
＿ 부도체인 고무줄에는 자유 전자가 없어서 전기가 통하지 않기 때문에 전구에 불이 켜지지 않아요.

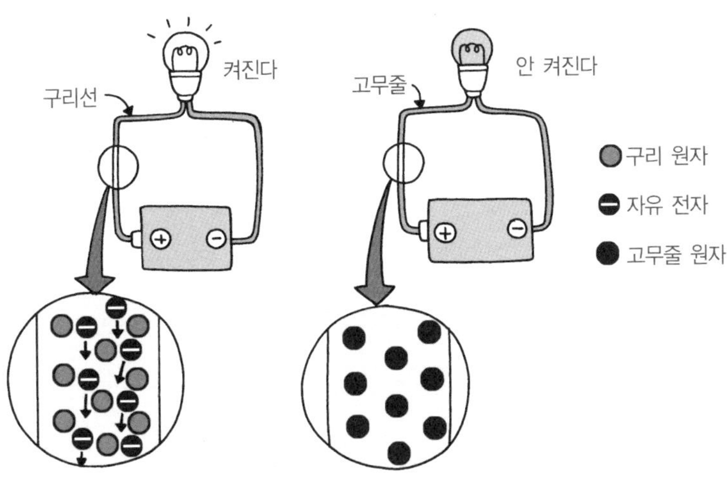

　네, 아주 잘 대답했어요. 전기 회로에서 건전지는 전압으로, 자유 전자가 이동할 수 있는 힘을 줍니다. 구리선 안에서 음전하를 띤 자유 전자들이 (+)극 쪽으로 움직이면서 전구에 불을 켜지요. 이때 (+)극에 있는 양전하는 움직이지 않고 자유 전자만 이동하는 이유는 양전하가 자유 전자보다 무겁기 때문입니다.

　몸이 무거운 양전하는 제자리에서 잘 움직이려 하지 않고, 작고 가벼운 자유 전자만이 바삐 움직이면서 전하를 이동시켜 주지요. 자유 전자는 비록 집을 잃고 미아가 되기는 했지만 전압만 연결해 주면 쌩~하고 이동하여 전구에 불이 켜지

게 하는 것입니다.

너무 작아서 우리 눈에 보이지도 않는 전자가 우리에게 얼마나 고마운 일을 하고 있는지 알았지요? 전구에 연결되어 있는 자유 전자는 우리에게 빛을 주고, 에어컨과 연결되이 있는 자유 전자는 우리에게 시원한 바람을 주고, 전기난로와 연결되어 있는 자유 전자는 우리에게 따뜻한 열을 주고 사라진답니다. 우리에게 없어서는 안 될 전기를 항상 아껴 쓰고 절약하는 습관을 가져야 하는 이유가 여기에 있지요.

이번 시간에 우리는 전기에 대해 알아보았고, 전기를 흐르게 할 수 있는 자유 전자의 발생과 하는 일을 살펴보았습니다. 이번 수업은 반도체를 이해하는 데 가장 기본이 되는 내용으로 꾸며 보았습니다.

다음 시간에는 자유 전자가 생성되는 원리를 에너지 차원에서 살펴보고, 반도체를 이루는 규소 원자가 어떻게 결합하여 결정을 만드는지 알아보도록 하겠습니다.

만화로 본문 읽기

박사님, 이 조그마한 반도체가 엄청난 양의 정보를 기록한다는 게 놀라워요! 반도체가 정확히 뭐죠?
음…, 반도체를 설명하려면 우선 물질이 어떻게 전기를 통하게 하는지부터 알아야 해요.

원자는 양성자와 중성자로 이루어진 원자핵과 전자로 이루어져 있어요. 그리고 음전하를 띠는 전자가 일정한 간격을 유지하며 양전하를 띠는 원자핵을 중심으로 궤도 운동을 하고 있지요.
양성자
핵
중성자
전자
전자의 궤도

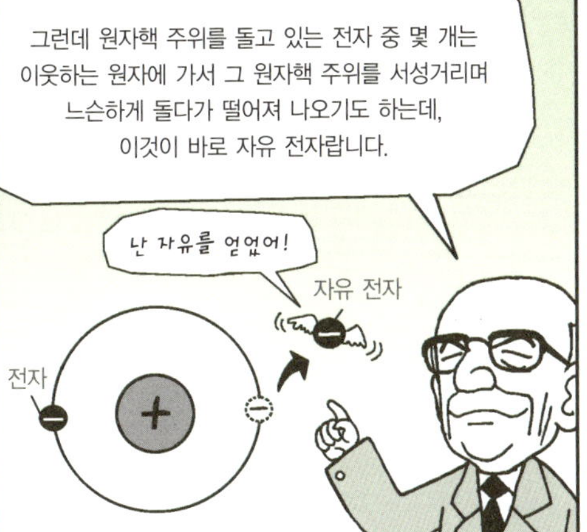
그런데 원자핵 주위를 돌고 있는 전자 중 몇 개는 이웃하는 원자에 가서 그 원자핵 주위를 서성거리며 느슨하게 돌다가 떨어져 나오기도 하는데, 이것이 바로 자유 전자랍니다.
난 자유를 얻었어!
자유 전자
전자

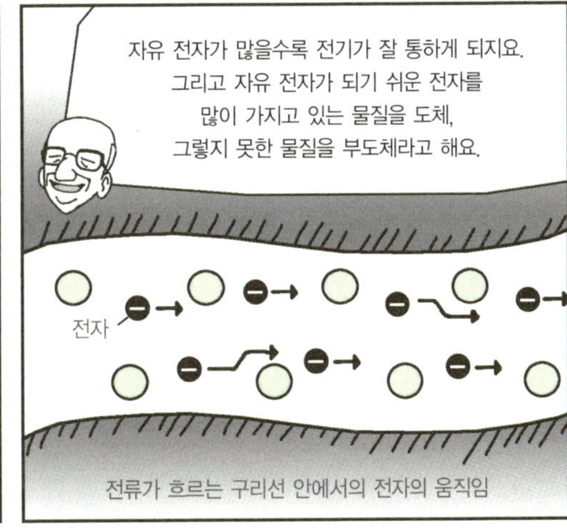
자유 전자가 많을수록 전기가 잘 통하게 되지요. 그리고 자유 전자가 되기 쉬운 전자를 많이 가지고 있는 물질을 도체, 그렇지 못한 물질을 부도체라고 해요.
전자
전류가 흐르는 구리선 안에서의 전자의 움직임

그럼, 반도체는요?
반도체는 어떤 특정한 조건에서 도체와 부도체의 중간적 성질을 띠는 물질을 말해요. 반만 도체, 나머지 반은 부도체라는 것을 의미하지요.
난 도체와 부도체의 성질을 모두 가지고 있지.
못
산소 분자
도체
반도체
부도체

자유 전자의 흐름이 도체보다는 절반 정도 덜 흐르고, 부도체보다는 절반 정도 더 잘 흐른다는 뜻이기도 합니다.
말 그대로 반만 도체란 뜻이군요.

2

자유 전자와 규소 원자의 결합

자유 전자가 만들어지는 원리를 알아보고,
자유 전자를 이용해 규소 원자들이 결합하는 과정을 살펴봅시다.

자유 전자와
규소 원자의 결합

쇼클리가 원자에 대해 복습하면서
두 번째 수업을 시작했다.

이번 수업에서는 규소 원자의 결합이 반도체를 만드는 데 어떠한 역할을 하는지 알아보겠습니다. 그 전에 복습 차원에서 아주 쉬운 질문을 하나 할게요. 전자는 원자핵 주변에서 무슨 운동을 한다고 했지요?

＿ 궤도 운동을 합니다.

맞습니다. 모든 원자에는 주변에 1개 이상의 궤도가 있습니다. 궤도란 쉽게 말해 전자가 운동할 수 있는 에너지 길을 말합니다. 어떤 원자는 1개의 궤도만을 가지고 있기도 하고, 어떤 원자는 여러 개의 궤도를 가지고 있기도 합니다. 예를

들어 수소는 1개의 궤도를 가지고 있고, 산소는 2개의 궤도를 가지고 있습니다. 그리고 각 궤도에는 들어갈 수 있는 전자의 수가 정해져 있습니다.

궤도의 수가 1개이든 여러 개이든 그 수에 상관없이 그중에서 가장 바깥쪽에 위치하고 있는 궤도를 최외각 궤도라고 합니다. 그리고 최외각 궤도에서 운동하고 있는 전자를 가전자라고 하지요. 가전자의 수 또한 원자마다 다릅니다. 예를 들어 수소는 1개의 가전자를 가지고 있고, 산소는 6개의 가전자를 가지고 있습니다.

가전자는 원자와 원자가 서로 결합할 수 있도록 손 역할을 합니다. 다른 원자의 가전자와 손을 잡아 결합하는 것이지요. 하지만 원자들도 우리와 마찬가지로 아무하고나 손을 잡지는 않습니다. 손을 잡고 싶은 원자와는 결합하지만 그렇지 않은 원자와는 결합하지 않는다는 것이지요.

원자가 다른 원자와 결합하는 데 있어서 이렇듯 까다롭게 조건을 따지는 이유는 모두 자유 전자 때문이랍니다. 지난 시간에 우리는 자유 전자에 대해 그 특징과 발생 과정 등을 공부하였습니다. 모두 잘 기억하고 있겠지요?

__ 네, 선생님. 잘 기억하고 있어요.

그렇다면 누가 자유 전자에 대해 설명해 볼까요?

__ 원자핵으로부터 벗어나 자유롭게 움직일 수 있는 전자입니다.

네, 맞습니다. 하지만 모든 전자가 자유 전자가 될 수 있는 것은 아닙니다. 그렇다면 자유 전자가 잘 되기 위한 조건에는 무엇이 있을지 알아볼까요?

자유 전자와 에너지 띠

우리는 걷고, 공부하고, 피아노를 치는 등의 일상생활을 영위하기 위해 에너지를 필요로 합니다. 우리들과 같이 원자들도 결합을 위해 전자를 얻거나 버리는 등의 과정에서 에너지를 필요로 하지요. 그래서 에너지를 갖지 않는 전자는 다른 원자와 결합할 수 없습니다.

궤도 운동을 하고 있는 전자를 떼어 내기 위해서는 원자핵이 전자를 끌어당기는 힘보다 더 큰 힘, 즉 에너지를 원자에 가해야 합니다. 에너지로 인해 전자가 원자핵으로부터 떨어지면 비로소 자유로워지겠지요.

__ 선생님, 그 전자가 바로 자유 전자이지요?

네, 그렇습니다! 그리고 반도체에서도 위와 같은 원리로 자

유 전자가 생성됩니다. 아래 그림을 보면서 설명할게요.

5m 높이의 지붕이 없는 둥근 방이 있는데, 이 방에 14명의 사람들이 있습니다. 이 사람들은 서로 밖으로 나가려고 하고 있어요. 다행히 방 안에 모든 방들을 통과하는 사다리가 있네요. 벽을 넘어 밖으로 나가기 위해서는 몇 단에 있는 사람이 가장 유리할까요?

＿3단에 있는 사람이 가장 유리하지요.

그렇지요. 방의 제일 윗부분과 가까운 3단에 있는 사람이

가장 먼저 밖으로 나갈 수 있겠지요. 마찬가지로 원자에도 원자핵 주위에 1단, 2단, 3단의 궤도가 있고 각 궤도에 전자들이 배열되어 있습니다. 그중에서 3단, 즉 가장 바깥쪽에 있는 전자가 외부로 탈출하기가 가장 쉽답니다.

원자핵과 거리가 가장 가까운 1단에 있는 전자는 원자핵이 강한 힘으로 끌어당기고 있기 때문에 탈출하기가 매우 어렵답니다. 그만큼 1단에 있는 전자를 떼어 내기 위해서는 큰 에너지가 필요한 것입니다. 이와 같이 각 단의 전자들을 떼어 내는 데에는 에너지가 필요한데, 이 특정한 에너지 값을 에너지 준위(energy level)라고 합니다.

그런데 원자들의 거리가 매우 가까운 고체 결정의 경우 원자들의 상호 작용으로 여러 개의 에너지 준위가 모여 에너지

과학자의 비밀노트

에너지 띠(energy band)
독립된 원자에서 원자핵 주위를 돌고 있는 전자는 각각 정해진 에너지의 값을 갖는다. 그런데 여러 개의 원자가 서로 밀집되어 있는 고체와 같은 결정 구조에서는 전자가 취할 수 있는 에너지 상태가 정해진 하나의 값이 아니라 어떤 폭을 갖는 구조로 표현될 수 있다. 이 폭을 에너지 띠라고 한다.

띠(energy band)를 만듭니다. 그리고 띠와 띠 사이에는 전자가 가질 수 없는 에너지인 에너지 간격(energy gap)이 존재하지요.

전자가 원자핵 주변에서 궤도 운동을 하고 있는 에너지 띠를 가전자 띠라 하고, 전자가 있을 수 없는 에너지 띠를 금지 띠라고 합니다. 그리고 가전자 띠에 있던 전자가 금지 띠를 넘었을 때 안착하는 곳을 전도 띠라고 합니다. 가전자 띠에서 금지 띠를 뛰어넘어 전도 띠로 날아온 전자가 바로 자유 전자입니다.

부도체는 전자가 뛰어넘어야 할 금지 띠의 벽이 매우 높습

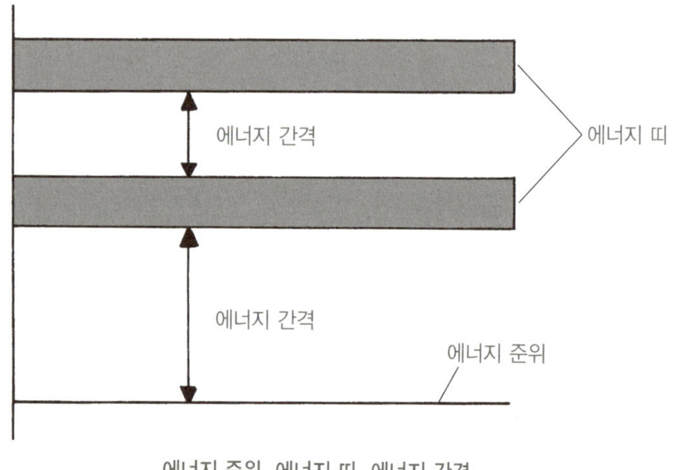

에너지 준위, 에너지 띠, 에너지 간격

니다. 그래서 상당히 큰 에너지를 주지 않으면 가전자 띠의 전자가 전도 띠로 이동할 수 없기 때문에 자유 전자로 되지 않아 전류가 흐르지 않습니다. 반면 도체는 금지 띠의 장벽이 낮아서 적은 양의 에너지로도 전도 띠로 바로 이동할 수 있기 때문에 자유 전자로 잘 되어 전류가 매우 잘 흐르지요.

반도체의 금지 띠의 높이는 부도체와 도체의 중간 정도여서 어느 정도의 에너지를 주면 전기가 흐를 수 있습니다.

전자가 원자핵을 벗어나 자유로워지는 것이 결코 쉬운 일은 아니지요? 이렇게 힘들게 원자핵을 벗어난 자유 전자가 앞으로 어떠한 일을 하는지 알아볼게요.

원자의 결합

우리 주위에는 셀 수 없을 정도로 많은 종류의 물질들이 있습니다. 각기 특성이 다른 물질들이 존재하는 이유는 바로

전자에 있답니다. 물질은 원자들의 결합으로 이루어져 있습니다. 그리고 원자를 이루는 전자의 수에 따라서 원자의 종류가 달라지지요.

예를 들어 구리(Cu) 원자는 29개의 전자를 가지고 있고, 철(Fe) 원자는 26개, 규소(Si) 원자는 14개의 전자를 가지고 있습니다.

여기서 철이라는 물질을 좀 더 자세히 살펴볼게요. 철 원자가 1개 있을 때 우리는 이것을 철 물질이라고 하지 않고 철 원자라고 합니다. 왜냐하면 철 물질이 되기 위해서는 철 원자 1개가 아니라 많은 철 원자들의 결합이 필요하기 때문입니다. 이러한 원리는 철뿐만 아니라 구리 원자나 규소 원자

못을 이루는 철 원자들의 배열

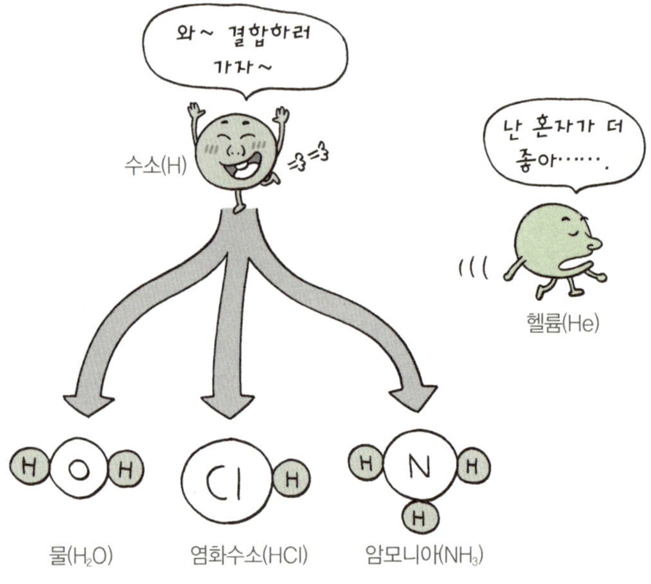

수소 원자의 결합과 헬륨

에도 적용되지요.

그런데 모든 원자들이 결합하여 물질을 만들 수 있는 것은 아닙니다. 원자의 세계에서는 다른 원자와 결합이 잘되는 원자가 있는가 하면, 그렇지 못한 원자들도 있습니다. 결합이 잘되는 원자는 물질로 될 가능성이 높고, 그렇지 못한 원자들은 물질이 되기 어렵습니다. 예를 들어 수소(H)는 여러 물질들과 결합하여 수많은 물질들을 만들지만 헬륨(He)은 다른 원자와 결합하지 않고 단원자 상태로 존재한답니다.

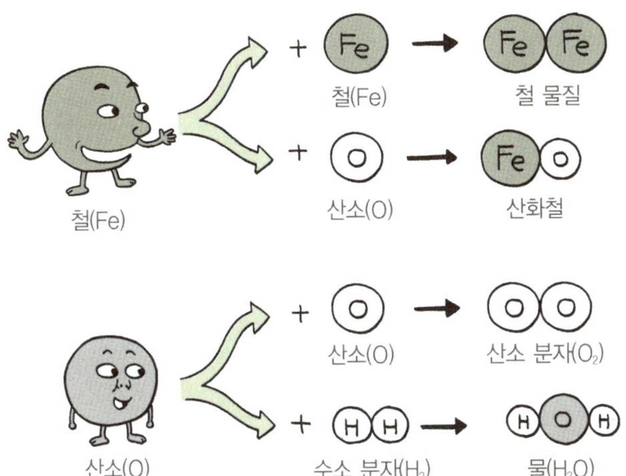

결합하는 원자에 따른 물질의 종류

그리고 같은 종류의 원자끼리 결합하기도 하고 서로 다른 종류의 원자와 결합하기도 합니다. 예를 들어 철 원자는 같은 원자와 결합했을 때 철 물질이 되지만 산소 원자와 결합하면 산화철이 됩니다. 철로 만들어진 문이나 못을 공기 중에 오래 방치했을 때 생기는 녹은 철이 공기 중의 산소를 만나서 생긴 산화철입니다.

또 산소 원자는 같은 산소 원자와 결합하여 산소 기체가 되기도 하고, 2개의 수소 원자와 결합하여 물이 되기도 합니다. 이와 같이 원자는 결합하는 원자에 따라 여러 종류의 물질을 만들 수 있답니다.

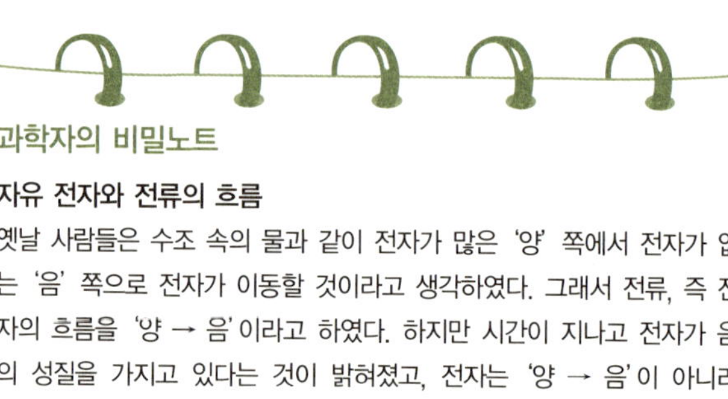

자유 전자와 전류의 흐름

옛날 사람들은 수조 속의 물과 같이 전자가 많은 '양' 쪽에서 전자가 없는 '음' 쪽으로 전자가 이동할 것이라고 생각하였다. 그래서 전류, 즉 전자의 흐름을 '양 → 음'이라고 하였다. 하지만 시간이 지나고 전자가 음의 성질을 가지고 있다는 것이 밝혀졌고, 전자는 '양 → 음'이 아니라 '음 → 양'으로 이동한다는 사실을 알게 되었다. 그런데 사람들은 그동안 믿어 왔던 사실을 한순간에 바꾸고 싶지 않았기 때문에 전자의 흐름은 '음 → 양'으로

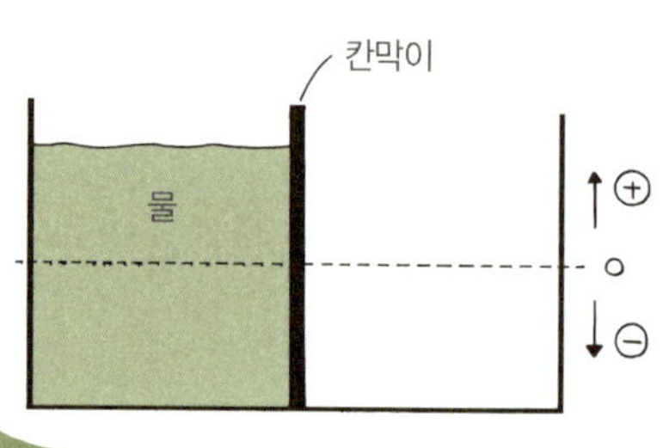

하되, 전류의 방향은 '양 → 음'으로 하자고 약속하였다.

규소 원자의 결합과 반도체

여러분, 내 손에 있는 이 조그마한 물체가 무엇일까요?

__ 선생님, 너무 작아서 안 보여요.

이렇게 큰 것이 보이지 않다니! 여러분, 시간이 나면 꼭 시력 교정을 받아 보도록 하세요. 이것이 바로 내가 발명한 트

랜지스터입니다. 트랜지스터가 이렇게 작은 이유는 작게 만들수록 경쟁력이 있기 때문이지요. 그렇지만 여러분이 지금 보고 있는 이 트랜지스터는 매우 큰 편이랍니다. 요즈음에는 400배의 현미경으로 보아야 할 정도로 훨씬 더 작은 트랜지스터도 만들어지고 있습니다.

여러분, 이 트랜지스터를 만드는 재료가 무엇인지 알 수 있겠어요? 대답이 없는 걸 보니 잘 모르는 것 같군요. 이 트랜지스터를 만든 재료는 바로 반도체랍니다.

＿선생님, 그런데 지난 수업 시간에 보여 주셨던 반도체는 이 트랜지스터보다 컸는데요? 선생님이 들고 계신 트랜지스터 속에는 더 작은 반도체가 들어 있다는 건가요?

아, 역시! 그 질문이 나올 줄 알았습니다. 네, 방금 학생이 한 질문이 바로 답입니다. 이 트랜지스터 안에는 이보다 훨씬 작은 반도체가 들어 있습니다. 그것도 세 개씩이나 말이지요. 지난 시간에 보여 줬던 반도체는 컴퓨터의 기억 장치 속에 들어가는 반도체이고, 지금 내가 들고 있는 이 트랜지스터는 여러분의 호주머니 속에 있는 휴대 전화에 들어 있는 것입니다.

트랜지스터는 3개의 반도체로 이루어져 있고, 반도체는 수많은 규소들의 결합으로 이루어져 있습니다. 트랜지스터에 관한 내용은 마지막 수업에서 자세히 알아볼 테니 오늘은 규소 원자가 어떻게 결합하여 반도체를 구성하는지 살펴보도

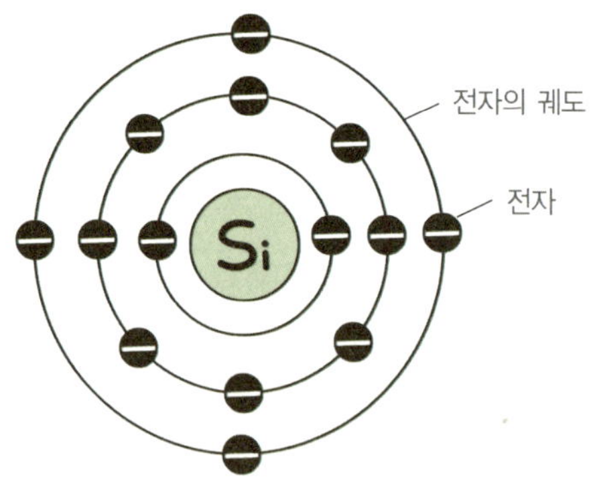

규소의 전자 배치

록 하겠습니다.

학생들이 자신의 휴대 전화를 한번 보고 나서 다시 초롱초롱한 눈빛으로 쇼클리를 쳐다보았다.

원자는 자신이 가지고 있는 궤도에 알맞은 전자가 배치되어 있을 때 화학적으로 안정합니다. 안정하다는 것은 원자가 다른 어떤 원자와도 결합하지 않고 혼자 안정을 찾으려고 하는 상태를 말합니다.

보통 원자핵에서 가장 가까운 첫 번째 궤도에 전자가 2개, 두 번째와 세 번째 궤도에 전자가 각각 8개 있을 때 가장 안정하지요. 그런데 규소 원자의 최외각 궤도에서 운동하고 있

과학자의 비밀노트

옥텟 규칙

원자핵 주위의 궤도를 돌고 있는 전자 중 최외각 궤도에 있는 가전자가 8개일 때 매우 안정하게 된다는 규칙이다. 예외가 있기 때문에 옥텟 법칙이라고 하지 않는다. 하지만 대부분 원자의 경우 옥텟 규칙을 따라 결합하기 때문에 많은 화학 결합을 이해하는 데 매우 유용하게 쓰이고 있다.

는 전자, 즉 가전자는 4개뿐입니다. 규소 원자가 안정한 상태가 아니라는 것이지요. 그렇다면 규소 원자가 안정해지는 방법에는 어떤 것이 있을까요?

＿ 4개의 전자를 더 넣어 주면 됩니다.

네, 그렇군요. 4개의 전자를 더 넣어 주면 최외각 궤도의 전자가 8개가 되므로 규소 원자가 안정해지겠군요. 다음 그림을 통해 좀 더 자세히 알아볼까요?

가운데 있는 규소 원자에 주목해 주세요. 이 원자는 자신의 동서남북 방향에 있는 4개의 원자들과 전자 1개씩을 공유하

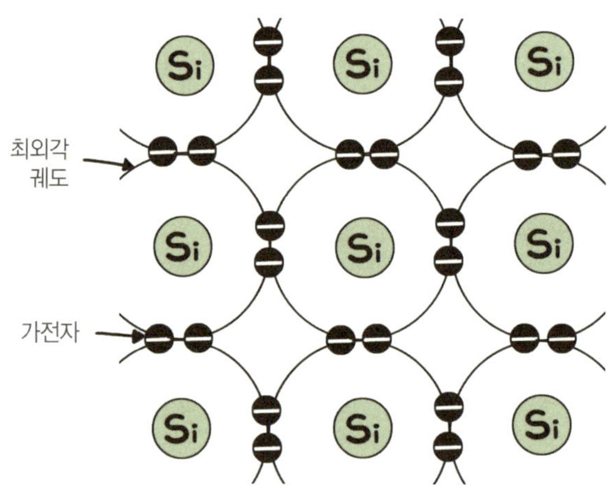

규소 원자들의 결합

여 8개를 채웠습니다. 최외각 궤도에 있는 가전자가 주변 4개의 원자들에게서 각각 1개씩의 전자를 받아들여 안정한 상태로 결합한 것입니다. 이렇게 원자가 다른 원자의 전자들을 서로 공유하면서 8개를 채워 안정해지는 화학 결합을 공유 결합이라고 합니다.

물론 그 주변에 있는 다른 규소 원자들도 같은 방법으로 결합하여 모두 안정한 상태를 유지하게 되었지요. 이러한 결합이 3차원적으로 확장되어 규소 결정이라는 고체 물질이 되는 것입니다.

여러분, 오늘 수업 시간에 우리는 자유 전자가 어떠한 원리로 생성되는지와 규소 원자가 어떻게 다른 원자들과 결합하여 규소 결정을 이루는지 알아보았습니다. 자유 전자의 생성과 규소 원자의 결합이 어찌 보면 관련이 없어 보일지도 모르지만 이러한 요소들이 모두 반도체를 만드는 데 중요한 역할을 한답니다.

다음 시간에는 반도체의 성질과 반도체를 이용한 우리 주위의 물질들의 특성에 대해 공부하도록 하겠습니다.

만화로 본문 읽기

박사님, 자유 전자는 어떻게 만들어지나요?
모든 원자에는 주변에 궤도가 있어요. 원자마다 가지고 있는 궤도의 수가 다른데, 가장 바깥쪽에 위치한 궤도를 최외각 궤도라고 해요.

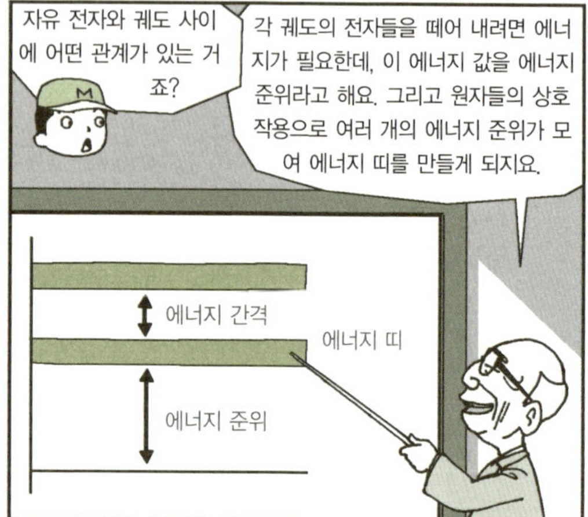
자유 전자와 궤도 사이에 어떤 관계가 있는 거죠?
각 궤도의 전자들을 떼어 내려면 에너지가 필요한데, 이 에너지 값을 에너지 준위라고 해요. 그리고 원자들의 상호 작용으로 여러 개의 에너지 준위가 모여 에너지 띠를 만들게 되지요.
에너지 간격
에너지 띠
에너지 준위

전자가 궤도 운동을 하고 있는 에너지 띠가 가전자 띠인데, 전자가 있을 수 없는 금지 띠를 넘어 전도 띠로 이동한 전자가 바로 자유 전자입니다.
장벽을 넘어야 하는군요.
금지 띠
자유다~!

부도체는 전자가 뛰어넘어야 할 금지 띠의 벽이 매우 높아 큰 에너지를 주어야만 전자가 전도 띠로 이동할 수 있고, 도체는 금지 띠의 장벽이 낮아 전도 띠로 쉽게 이동할 수 있는 것입니다. 그리고 반도체는 부도체와 도체의 중간쯤이라고 생각하면 되지요.
너무 높아서 올라갈 수가 없어.
너무 쉽잖아.
영차!
전도 띠
금지 띠
가전자 띠
부도체
도체
반도체

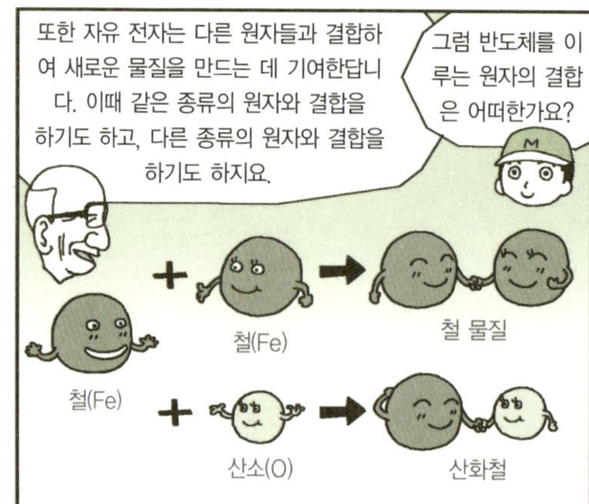
또한 자유 전자는 다른 원자들과 결합하여 새로운 물질을 만드는 데 기여한답니다. 이때 같은 종류의 원자와 결합을 하기도 하고, 다른 종류의 원자와 결합을 하기도 하지요.
그럼 반도체를 이루는 원자의 결합은 어떠한가요?
철(Fe)
철(Fe)
철 물질
산소(O)
산화철

반도체를 이루는 규소 원자의 가전자는 4개예요. 그래서 주변 4개의 원자와 전자 1개씩을 공유하여 안정된 상태를 이루는데, 이러한 결합을 공유 결합이라고 합니다.
Si

반도체의 특성

반도체의 성질에 대해 알아보고, 반도체를 이용한 물질의 특성을 살펴봅시다.

반도체의 특성

쇼클리가 근심이 가득 찬 표정으로
세 번째 수업을 시작했다.

반도체의 성질

하나, 둘, 셋……, 오호! 여러분 다들 있군요. 사실 어제 여러분이 수업을 마치고 집에 돌아가는 길에 난 교실에서 벼락이 치는 모습을 보았답니다. 그래서 혹시 여러분 중에 누구화를 입은 사람이 있으면 어쩌나 하고 걱정을 많이 했어요. 그런데 이렇게 다들 아무렇지 않은 모습으로 앉아 있는 걸 보니 마음이 놓이는군요. 벼락이 치는 모습을 모두 보았나요?

__ 네, 선생님. 뭔가 번쩍해서 놀라긴 했지만 선생님이 걱

정하실 만큼 저희와 가까운 거리는 아니었어요.

＿ 저는 벼락이 칠 때 우연히 사진을 찍고 있었어요. 제가 찍은 벼락 사진을 한번 보실래요?

벼락 사진을 찍었다고요? 정말 대단한 행운이군요. 어디 한번 볼까요?

쇼클리는 한 학생이 찍은 벼락 사진을 모니터에 출력하여 다른 학생들과 함께 보며 수업을 시작했다.

정말 멋진 사진이군요. 마침 벼락 사진을 보았으니 벼락과 함께 반도체에 대한 이야기를 풀어 보도록 하겠습니다.

학생들이 초롱초롱한 눈빛으로 쇼클리를 쳐다보았다.

여러분, 나는 첫 번째 수업에서 공기는 전기가 통하지 않는 부도체라고 설명하였습니다. 기억나나요?

__ 네, 선생님. 공기를 이루고 있는 산소나 질소는 자유 전자가 없어서 전기가 통하지 않는 부도체라고 하셨어요.

네, 맞습니다. 그런데 공기와 같은 부도체의 경우에도 매우 큰 압력이 가해지면 전기가 흐를 수도 있는데, 그 대표적인 예로 벼락이 있습니다.

벼락은 부도체인 공기가 깨질 때 생깁니다. 구름에 음전하

가 집중적으로 한 곳에 모이고, 땅 위에 양전하가 집중적으로 한 곳에 모이면 음전하와 양전하 사이에 방전(기체 등의 부도체를 사이에 낀 두 전극 사이에 높은 전압을 가하였을 때, 전류가 흐르는 현상)이 일어나면서 벼락이 칩니다. 음전하와 양전하가 집중적으로 모이는 곳의 공기가 갈라지면서 그 틈새로 구름에서 땅으로 전기가 통하는 것이지요.

그런데 만약 공기가 부도체가 아니라 반도체 물질이었다면 어떨까요?

__ 벼락이 지금보다 훨씬 자주 떨어질 것 같은데요?

그럴 수도 있겠군요. 어찌되었든 부도체보다는 전기가 잘

통할 테니 말이지요. 그렇다면 벼락의 세기는 어떨까요?

   ＿ 자주 떨어질 테니까 세기는 약해질 것 같아요.

   그렇지요. 공기가 반도체라면 벼락이 떨어질 확률이 높아
지고, 대신 그 세기는 지금보다 약해질 것입니다. 왜냐하면
벼락은 구름 속에 매우 많은 음전하가 모였을 때 한꺼번에 떨
어지니까요.

   벼락에 의한 피해를 막기 위해 건물 높은 곳이나 지붕 위에
피뢰침을 설치합니다. 벼락이 피뢰침이 있는 곳으로 떨어지
면 전기가 땅으로 유도되어 피해를 줄일 수 있습니다. 그런

데 주변에 피뢰침이 없는 지역은 피해를 입을 수밖에 없습니다. 그래서 벼락이 치는 날에는 뾰족한 우산이나 물건을 들고 있으면 매우 위험한 것입니다.

벼락이 내리치는 전기의 양을 인위적으로 조절하기란 매우 어렵고 위험합니다. 하지만 그 많은 양의 전기를 그냥 버리는 것은 너무 아깝다고 생각하지 않나요? 자연에서 생기는 엄청난 양의 전기를 우리가 유용하게 쓸 수 있으면 참 좋을 텐데 말이지요.

__ 공기가 반도체라면 가능하지 않을까요?

네, 그렇습니다. 반도체는 전기의 양이나 방향을 조절할 수 있는 성질이 있기 때문에 이를 이용하면 벼락을 유용하게 사용할 수 있을 것입니다. 많은 과학자들이 벼락으로 인해 자연적으로 발생하는 엄청난 양의 전기를 허투루 버리지 않고 우리가 유용하게 사용할 수 있는 방법을 찾는 데 많은 노력을 아끼지 않고 있답니다.

여러분도 과학자들의 노력과 연구에 동참해 보는 것은 어떨까요? 나, 쇼클리처럼 항상 독창적이고 기발한 생각을 많이 하는 여러분이라면 충분히 가능한 일이라고 생각합니다. 아직은 지식이 부족하다고요? 하하하, 내가 너무 성급했군요. 그럼 여러분의 독창적인 생각에 도움이 되도록 반도체의 특성에 대해 조금 더 설명할게요.

나는 앞서 수업에서 반도체란 도체와 부도체의 중간 성질을 갖는 물체라고 했습니다. 그런데 엄밀히 따졌을 때 반도체는 부도체를 더 많이 닮았답니다. 누가 부도체의 성질에 대해 이야기해 볼까요?

__ 자유 전자가 없어서 전기가 통하지 않는 물질입니다.

맞아요. 그런데 평소에 부도체의 성질을 띠고 있는 반도체에 특정 조건을 충족시켜 주면 자유 전자가 생겨 전기를 통하

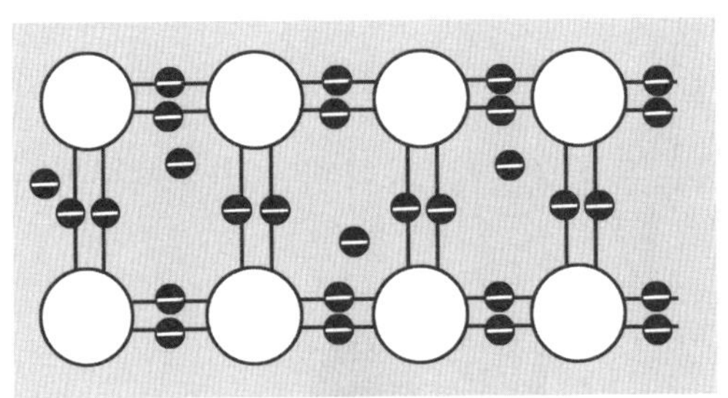

특정한 조건을 가해 준다.

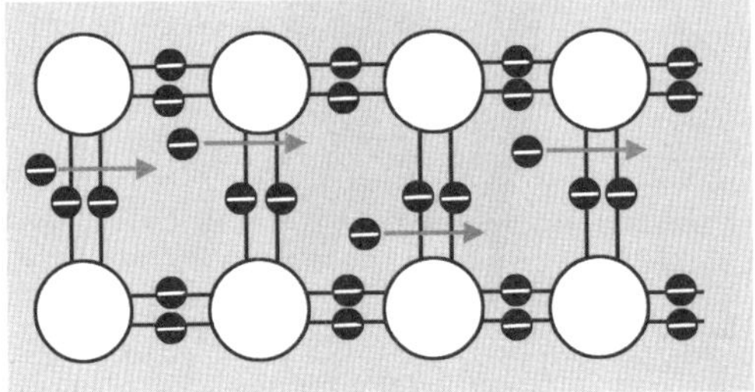

게 할 수 있습니다. 조건이 충족된 반도체에 에너지를 가하면 반도체 안에 있던 전자가 자유 전자로 되기 쉬워서 전류가 흐르게 됩니다. 그리고 전자의 흐름을 조절할 수도 있지요. 그렇다면 전자의 흐름을 어떻게 조절할 수 있을까요?

반도체가 생기기 전에는 전자의 양을 조절하기 위해 니크롬선같이 전자가 이동하기 어려운 금속을 이용하였습니다. 평소에는 전류가 흐르지 않다가 전압을 세게 가하면 전자가 이동할 수 있지요.

그러나 니크롬선에는 큰 문제가 있습니다. 바로 열이지요. 좁은 공간에 많은 양의 전자가 이동하면 전자들끼리의 마찰로 인해 열이 발생합니다. 이 열 때문에 전기용품이 타 버릴 수 있어서 매우 위험해지지요. 하지만 반도체를 이용하면 이

니크롬선

러한 염려는 하지 않아도 된답니다. 적절한 양의 전자만 이동시켜도 전류가 잘 흐를 수 있으니까요.

직류와 교류 그리고 반도체

전하의 흐름인 전류의 형태에는 두 가지가 있습니다. 하나는 직류이고 또 하나는 교류인데요, 두 전류의 차이점에 대해 알아볼게요.

건전지나 축전지 등을 전기 회로에 연결하면 일정한 세기의 전류가 한쪽 방향으로만 흐르는데, 이러한 전류를 직류(DC, direct current)라고 합니다. 그리고 발전소에서 가정

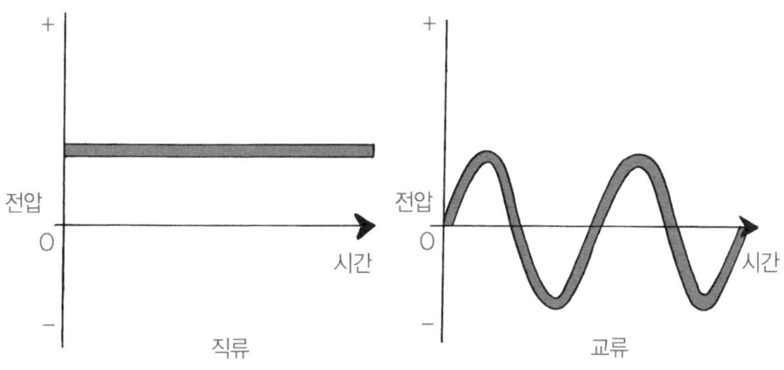

발전기에서 나오는 직류와 교류의 파형

에 전기를 공급할 때는 한 번은 양(+)의 방향에서, 다음에는 음(−)의 방향에서 세기와 방향이 주기적으로 바뀌는 전류가 흐르는데, 이러한 전류를 교류(AC, alternating current)라고 하지요.

직류는 한 방향으로 끊임없이 움직이지만 교류는 전자들이 한 방향으로 이동했다가 곧바로 반대 방향으로 움직이고, 또 다시 반대 방향으로 움직입니다. 이렇게 계속해서 방향을 바꾸기 때문에 실제로 전자가 움직이는 거리는 거의 없다고 볼 수 있지요. 그래서 직류와 같은 전력을 낼 수 있음에도 전력 손실은 훨씬 적어서 요즘에는 대부분 교류를 이용하고 있답니다.

예전에 많은 양의 전기가 필요하지 않았을 때는 직류를 주

수력, 풍력, 원자력 발전소

로 사용하였습니다. 하지만 지금은 여러 분야의 산업이 크게 발전함에 따라 많은 전기가 필요하게 되었지요. 그런데 한 방향으로만 흐르는 직류의 세기로는 그 많은 양을 충당하기에 턱없이 부족합니다. 그래서 보다 많은 전력을 만들 수 있는 수력 발전소, 화력 발전소, 풍력 발전소, 원자력 발전소 등을 건설하여 교류를 이용해 전력을 생산하고 있습니다.

그런데 전기용품에는 교류를 직류로 바꾸어서 사용해야 할 때가 아주 많습니다. 각종 전기용품에 있는 전기 회로를 작동시키기 위해서는 건전지와 같은 직류 전원이 필요한 곳이 있지요. 이때 교류 전기를 직류로 바꾸어서 공급해야 하는데, 그 일을 손쉽게 할 수 있는 것이 바로 반도체입니다.

반도체의 이러한 성질은 우리의 일상생활에 많은 편리를 제공하고 있답니다. 그리고 그 크기가 매우 작아 휴대가 용

이한 거의 모든 전기용품에 쓰이고 있지요.

아주 옛날의 컴퓨터는 진공관이라는 부품을 사용하여 만들었는데, 여러분이 공부하고 있는 교실 두 개의 면적에 설치를 해야 했습니다. 지금은 크기는 작고, 성능은 우수한 데스크 탑이나 노트북 컴퓨터를 사용하고 있지요. 또한 휴대 전화도 우리에게 매우 편리한 전기용품이지요. 이것은 모두 반도체를 사용하기 때문에 가능한 것입니다. 반도체 없는 세상은 이제 상상조차 할 수 없을 정도로 우리 생활에 매우 밀접하고 중요한 물질로 자리 잡고 있습니다.

요즘에는 우리의 상상을 뛰어넘은 아주 똑똑하고 크기도 작은 반도체들이 많이 만들어지고 있어요. 한국은 세계에서 반도체를 가장 잘 만드는 나라로 전 세계의 주목을 받고 있지요. 한국 사람들은 서양 사람보다 두뇌가 우수하면서 손이 작습니다. 이것이 반도체를 잘 만드는 비결이랍니다.

여러분, 우리는 지금까지 반도체의 원리를 알아보기 위한 기본 개념들을 공부했습니다. 수업을 시작하기 전보다 수업을 하면서 반도체에 대한 궁금증이 더 커지지 않았나요? 여러분의 궁금증을 해결하기 위해 다음 수업부터 본격적으로 반도체의 종류와 구체적인 원리에 대해 알아보도록 하겠습니다. 지금까지 배운 내용들을 절대 잊어서는 안 됩니다.

만화로 본문 읽기

와! 벼락은 정말 무시무시하네요.
정말 그렇군요. 만약 공기가 반도체라면 벼락이 자주 떨어지더라도 세기가 약해져서 그 피해도 줄고, 벼락이 가진 전기의 양을 유용하게 쓸 수도 있어요.

아, 정말요? 어떻게요?
평소에 부도체의 성질을 띠고 있는 반도체에 몇 가지 조건을 충족시켜 주면 자유 전자가 생기지요.
· 특정 물질을 혼합함.
· 전압을 세게 가함.
· 열을 가하거나 빛을 쪼임.
부도체의 성질이 강함.
자유 전자가 생겨서 전기가 통함.

그럼 전류가 흐르겠네요?
맞아요. 그래서 전자의 흐름을 조절할 수도 있지요. 물론 반도체가 아니어도 니크롬선같이 전자가 이동하기 어려운 금속을 이용해 전자의 양을 조절할 수 있지만 문제가 좀 있어요.
난 전기가 잘 통하지 않아.
니크롬선

무슨 문제요?
큰 전압을 가하다 보니 열이 발생해 전기용품이 탈 위험이 있거든요. 하지만 반도체를 이용하면 적절한 양의 전자만 이동시켜도 전류가 잘 통할 수 있답니다.
화르륵
불이야!

그리고 반도체는 교류를 직류로 바꿔 주는 중요한 역할을 해요. 그래서 현재 우리 생활에 쓰이는 여러 직류 전기용품들을 교류로 바꿔 주고 있지요.
직류와 교류가 뭐지요?
digital
직류 제품
교류 제품

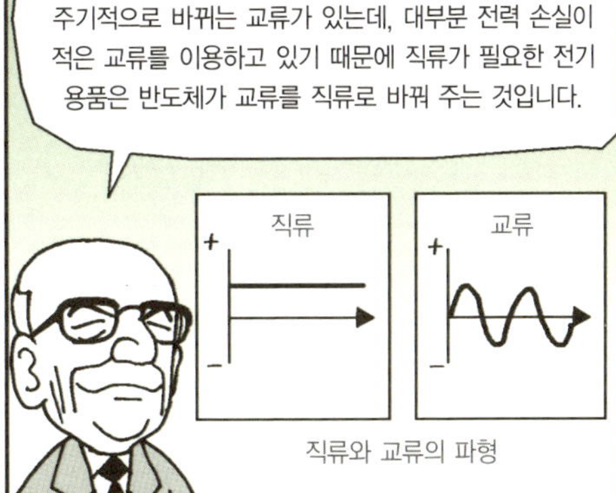
전류에는 일정한 세기의 전류가 한쪽 방향으로만 흐르는 직류와 양과 음의 방향으로 세기와 방향이 주기적으로 바뀌는 교류가 있는데, 대부분 전력 손실이 적은 교류를 이용하고 있기 때문에 직류가 필요한 전기용품은 반도체가 교류를 직류로 바꿔 주는 것입니다.
직류
교류
직류와 교류의 파형

4

고유 반도체와
n형 반도체, p형 반도체

순수 성질의 고유 반도체에 불순물을 주입하여 성질을 바꾼
n형 반도체와 p형 반도체에 대하여 알아봅시다.

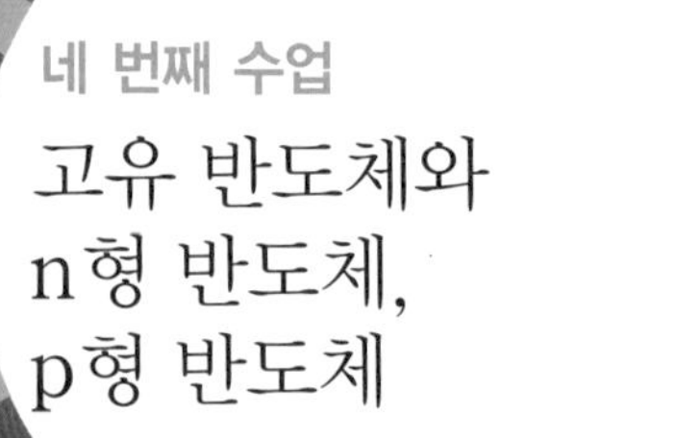

네 번째 수업

고유 반도체와
n형 반도체,
p형 반도체

쇼클리가 실리콘 밸리에 대해 이야기하면서
네 번째 수업을 시작했다.

고유 반도체

여러분, 실리콘 밸리란 말을 들어 본 적이 있나요?

__ 네, 미국에서 반도체 산업이 매우 발달한 지역을 일컫는 말이지요?

네, 맞습니다. 실리콘 밸리는 미국의 캘리포니아 주 중서부에 위치한 대단위 공업 지대로, 실리콘(Silicon)과 계곡(Valley)이라는 말이 합쳐져서 생긴 이름입니다. 원래는 포도주를 생산하는 곳으로 유명했는데, 반도체를 만드는 벤처

기업들이 대거 진출하면서 실리콘 밸리라는 이름이 붙여지게 된 것이지요. 여기서 실리콘이란 규소를 말합니다. 규소는 실리콘 밸리라는 말을 만들 정도로 반도체 산업에서 절대 없어서는 안 될 중요한 물질이지요.

그런데 규소로 만들어진 반도체 중에서도 규소로만 만들어진 순수한 반도체가 있고, 순수한 규소 결정에 다른 물질을 주입하여 만드는 불순물 반도체가 있습니다.

반도체를 이루는 규소 결정에 불순물이 전혀 없거나 있더라도 그 양이 매우 적어 순수한 상태의 반도체를 고유 반도체라고 합니다. 고유 반도체는 재료를 극히 순수하게 하였을

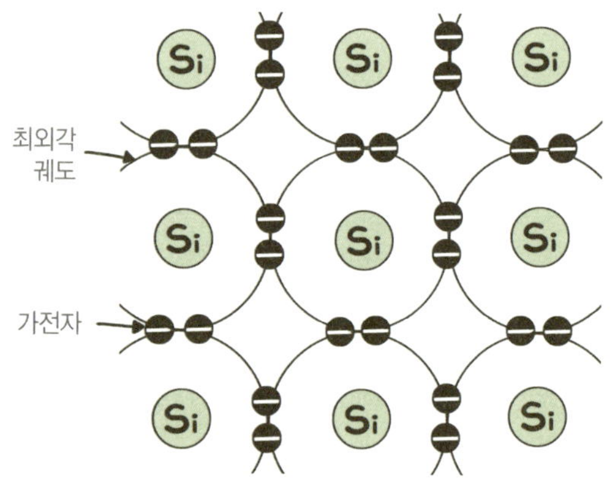

고유 반도체

때나 종류가 다른 불순물을 같은 양으로 넣어 주었을 때 얻을 수 있습니다.

고유 반도체에 특정 불순물을 넣어 준 반도체를 불순물 반도체 혹은 외래형 반도체라고 부릅니다. 불순물 반도체는 온도에 민감해서 고온에서는 고유 반도체로 작용하고 저온에서는 불순물 반도체로 작용하는 경우도 있습니다. 그런데 순수한 성질의 고유 반도체에 불순물을 주입하는 이유가 무엇일까요?

__ 불순물을 섞었을 때 반도체의 성능이 더 좋아져서가 아닐까요?

역시 여러분은 재치가 있군요. 성능이 더 좋아지지 않는다면 굳이 불순물을 넣는 과정이 필요 없겠지요.

불순물이 전혀 없는 100% 고유 반도체는 만들 수가 없습니다. 하지만 불순물이 거의 들어 있지 않은 고유 반도체는 만들 수가 있지요. 규소로 만든 고유 반도체는 모든 규소 원자들이 공유 결합을 통해 최외각 궤도에 8개의 가전자를 모두 채우므로 자유 전자가 없어서 전류가 거의 흐르지 않습니다. 그래서 불순물을 넣어 주어 전류가 흐를 수 있도록 하는 것이지요. 즉, 자유 전자를 만드는 과정인 셈입니다.

우리가 앞으로 주목해서 알아보아야 할 반도체도 고유 반

도체가 아닌 불순물 반도체입니다. 불순물 반도체에 대해 자세히 알아보도록 하겠습니다.

불순물 반도체에 대해 잘 이해하려면 가장 먼저 알아야 하는 것이 바로 양공(electron hole)입니다.

__ 선생님, 양공이 무엇인가요?

하하하, 성격이 무척 급한 친구군요. 그렇지 않아도 지금막 설명을 하려던 참이었습니다.

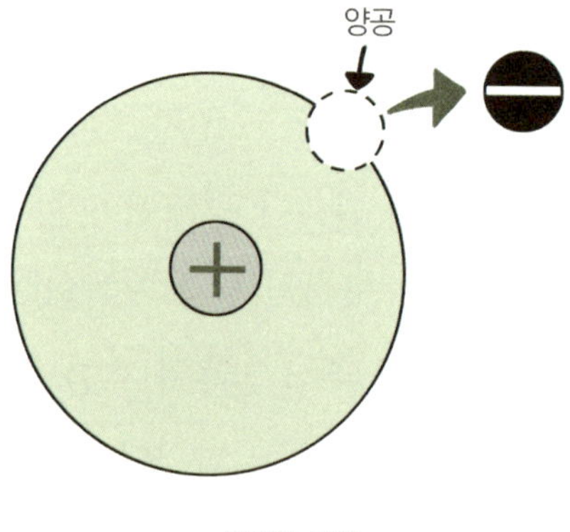

원자와 양공

양공은 '자유 전자가 없는 구멍'이란 뜻의 자유 홀(free hole)이라고도 하며, 자유 전자와 반대되는 개념으로 '자유 전자의 부족'이라는 말로도 설명할 수 있습니다. 그러니까 그 성질도 자유 전자와 반대가 되겠지요.

규소 원자에 어떤 불순물 1개를 넣어 주면 이 불순물 때문에 전자 1개가 부족해지는 경우가 있는데, 이때 자유 전자 1개가 빠져나가서 생긴 구멍을 양공이라고 합니다.

양공은 반도체에만 존재하며, 자유 전자와 같이 전기를 만들 수 있습니다. 즉, 반도체 내에서 자유 전자와 양공이 동시에 전기를 만드는 데 기여하고 있는 것이지요. 순수한 규소에 전류를 흐르게 하기 위해서는 반드시 자유 전자와 양공이 필요하고, 이것을 만들기 위해서 불순물 주입이 필요한 것입

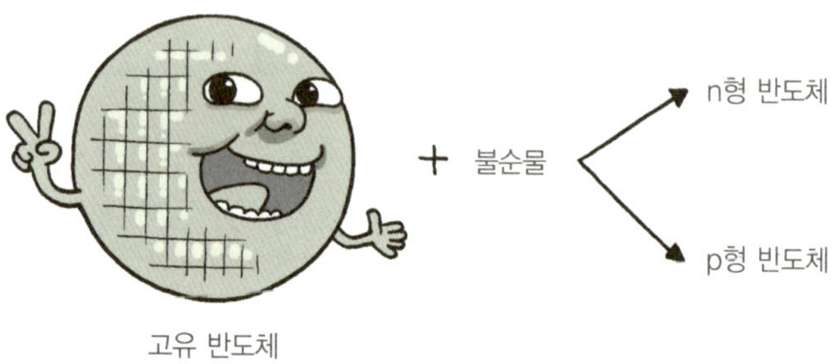

반도체의 종류

니다.

자유 전자가 없어 전류가 거의 흐르지 않는 고유 반도체에 자유 전자를 갖는 물질을 혼합하면 어느 정도의 자유 전자가 있는 구조의 물질로 바뀔 수 있습니다. 이렇게 만든 불순물 반도체는 첨가물의 종류에 따라 크게 두 가지로 나눌 수 있는데, 바로 n형 반도체와 p형 반도체입니다.

n형 반도체와 p형 반도체에 대해 알아보기 전에 잠시 쉬어 갈 겸 오래전 올림픽에서 있었던 이야기를 하나 할게요. 1988년 서울 올림픽 때의 일입니다. 아마 여러분이 태어나기도 전 이야기겠지요?

100m 달리기 결승에서 캐나다의 벤 존슨이란 선수가 가장 먼저 결승선을 통과하였습니다. 당시 육상 영웅이었던 칼 루이스를 여유롭게 따돌리며 9.97초라는 경이로운 기록과 함께

벤 존슨은 세계적인 이슈로 떠올랐지요.

하지만 이틀 후 약물 테스트 결과 벤 존슨이 '아나볼릭 스테로이드' 라는 약물을 복용한 것이 확인되었습니다. 이 약물은 인위적으로 근육의 힘을 증가시키는 효과가 있어 운동선수들은 절대로 복용해서는 안 되는 약물로 지정되어 있습니다. 약물에 대한 양성 반응이 나온 벤 존슨은 금메달은 물론 세계 신기록까지 모두 박탈당하고 말았지요.

운동 경기에 출전하는 모든 선수들은 경기 전이나 후에 반드시 약물 복용 여부를 알아보기 위한 검사를 해야 하는데,

이것을 도핑 테스트(doping test)라고 합니다. 도핑이란 '금지 약물의 복용'을 뜻하는 것으로, 고유 반도체에 불순물을 첨가해 반도체의 전자나 양공의 수를 조절할 때에도 쓰이는 말입니다.

운동선수는 도핑을 해서는 안 되지만 반도체는 도핑 과정을 거쳐야 그 역할을 할 수 있답니다. 지금부터 도핑된 반도체에 대해 알아보도록 하겠습니다.

n형 반도체

규소에 인(P)이라는 불순물을 넣어 보겠습니다. 규소는 4개의 가전자가 있지요? 인이 가지고 있는 가전자의 수는 5개입니다. 규소와 인이 가지고 있는 가전자의 수가 다르군요. 규소 원자끼리 결합하면 최외각 궤도에 8개의 전자가 딱 들어가서 안정해지는데, 규소와 인이 결합하면 전자 하나가 남겠군요. 남은 이 전자는 무엇일까요?

__ 아! 자유 전자예요!

네, 맞습니다. 이제 여러분도 자유 전자 박사가 되어 가고 있군요, 하하하. 인을 많이 넣어 줄수록 자유 전자가 많이 생

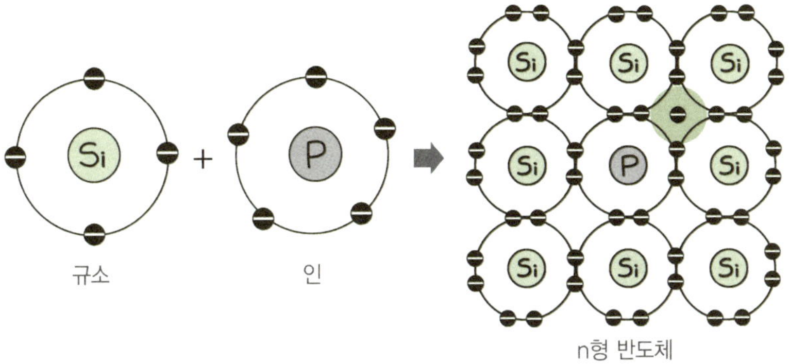

n형 반도체의 생성

기겠지요? 이렇게 종류가 다른 두 원자가 결합하고 원자 주변에 자유 전자가 남아 있는 반도체를 n형 반도체(n type semiconductor)라고 합니다.

규소 결정에 인을 많이 넣을수록 자유 전자가 많아져 전자의 흐름이 용이해집니다. 인의 원자 1개에서 1개의 자유 전자가 생기므로 인 원자가 10개이면 10개의 자유 전자가 생기고, 인 원자가 1,000개이면 1,000개의 자유 전자가 생기는 것이지요.

규소만으로 이루어진 고유 반도체는 어느 정도 이상의 에너지를 주지 않으면 전류가 흐르지 않지만, 인을 섞은 결정은 고유 반도체보다 가하는 에너지의 크기가 작아도 전류가 흐를 수 있습니다. 그렇지만 도체 결정에 비하면 자유 전자

고유 반도체

n형 반도체

의 수는 훨씬 적지요.

n형 반도체를 에너지 띠의 크기로 생각해 볼까요? 고유 반도체에서 전자가 자유 전자로 되기 위해서 뛰어넘어야 할 에너지 벽이 매우 높지만, 인을 섞은 n형 반도체에는 이 벽이 낮아져 전자의 흐름이 용이해지는 것을 알 수 있습니다.

인 대신 넣을 수 있는 불순물로는 비소(As), 안티모니(Sb), 비스무트(Bi) 등이 있습니다. 인을 포함한 이 4가지 물질의 공통점은 무엇일까요?

＿ 가전자가 5개라는 것 아닐까요?

맞습니다. 인, 비소, 안티모니, 비스무트는 각각 궤도의 수는 다르지만 모두 가전자가 5개라는 공통점이 있답니다.

자, 이번엔 p형 반도체에 대해 알아보겠습니다. p형 반도체는 n형 반도체와 반대의 성질을 가진 반도체라고 생각하면 됩니다.

p형 반도체

이번에는 고유 반도체에 붕소(B)라는 불순물을 넣어 볼게요. 붕소는 가전자가 3개로 규소의 가전자 수보다 1개 적습니다. 규소 원자가 붕소 원자와 결합하면 가전자의 수가 7개가 되므로 최외각 궤도에 전자 1개가 부족하여 불안정한 결합이 되지요.

규소와 붕소가 결합하여 만들어진 결정은 전자가 1개가 있어야 할 자리가 항상 비어 있는 상태라고 할 수 있어요. 여기서 비어 있는 전자의 자리를 무엇이라고 할까요?

__ 양공입니다.

네, 맞아요. 잘 기억하고 있군요. 양공은 주위에 있는 전자를 끌어오는 힘이 있습니다. 양공이 옆에 있던 전자 하나를 끌어오면 전자 1개가 들어와 자리를 잡게 되지요. 그러면 옆으로 끌려온 전자가 있었던 자리에 또 하나의 양공이 생깁니

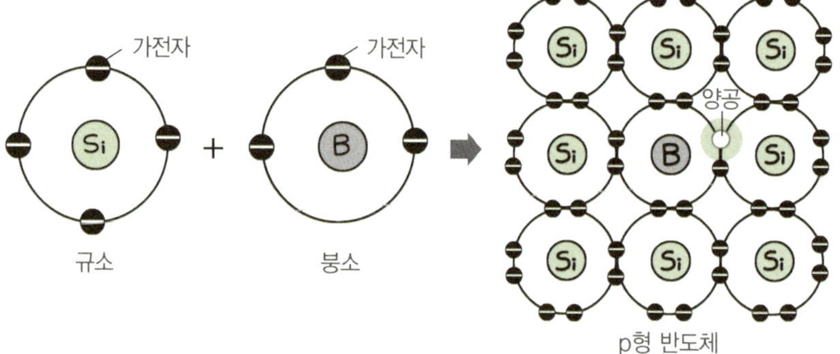

p형 반도체의 생성

다. 이러한 과정이 연쇄적으로 반복되면 마치 많은 전자가 이동하는 것과 같이 보입니다. 그리고 양공의 위치가 전자의 방향과 반대로 움직이는 것처럼 보이지요.

이와 같이 양공이 이동하면서 반도체에 전류가 흐를 수 있도록 만든 반도체를 p형 반도체(p type semiconductor)라고 합니다.

규소 결정에 붕소 원자를 많이 넣을수록 양공이 많아져 전자의 흐름이 용이해집니다. 붕소 원자 1개에서 1개의 양공이 생기므로 붕소 원자가 10개이면 10개의 양공이 생기고, 붕소 원자가 1,000개이면 1,000개의 양공이 생기는 것입니다.

오늘은 고유 반도체, n형 반도체, p형 반도체와 p형 반도체의 가장 큰 특징인 양공에 대해서도 알아보았습니다. 조금

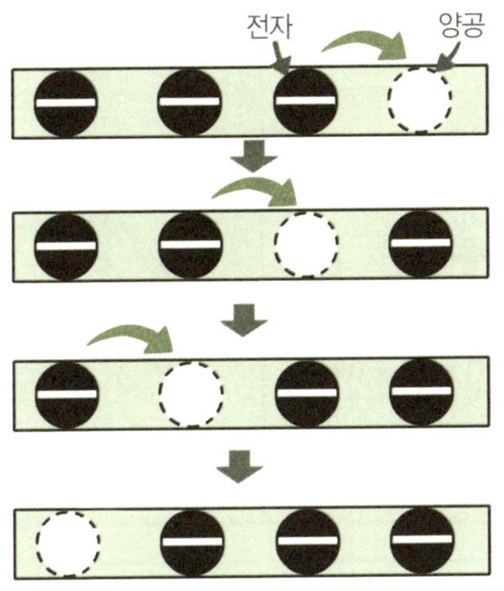

양공과 전자의 이동

어렵지 않았나요? 여러분의 표정을 보니 전혀 어렵지 않은 것 같군요. 그동안 배웠던 기본 지식들이 많은 도움이 되었을 겁니다.

이 여세를 몰아 다음 시간에는 n형 반도체와 p형 반도체가 만나서 만들어진 다이오드에 대해 알아보겠습니다. 벌써 눈빛이 반짝이는 친구들이 보이는군요. 그럼 다음 시간에 다시 만나도록 해요.

만화로 본문 읽기

박사님, 반도체에도 종류가 있나요?
그럼요! 반도체를 이루는 규소 결정에 불순물이 거의 없는 순수한 상태의 반도체를 고유 반도체라 하고, 특정 불순물을 넣어 준 반도체를 불순물 반도체라고 해요.
고유 반도체?
불순물 반도체?
science

그럼 일부러 불순물을 넣는 건가요?
네, 규소로 만든 고유 반도체는 자유 전자가 없기 때문에 전류가 거의 흐르지 않지만 불순물을 넣어 주면 전류가 흐를 수 있어요.
불순물
고유 반도체

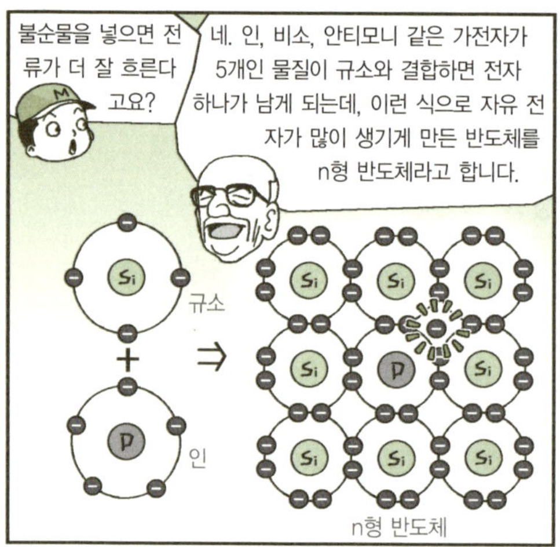
불순물을 넣으면 전류가 더 잘 흐른다고요?
네. 인, 비소, 안티모니 같은 가전자가 5개인 물질이 규소와 결합하면 전자 하나가 남게 되는데, 이런 식으로 자유 전자가 많이 생기게 만든 반도체를 n형 반도체라고 합니다.
Si
규소
+
P
인
Si Si Si
Si P Si
Si Si Si
n형 반도체

그리고 또 다른 경우에는 규소가 어떤 물질과 결합했을 때 전자 1개가 부족해지는 경우가 생기기도 해요. 이때 전자가 빠져나가서 생긴 구멍을 양공이라고 해요.
양공
B
양공
+

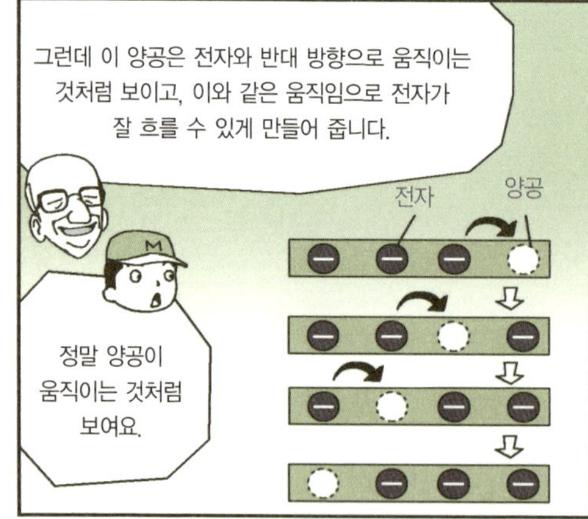
그런데 이 양공은 전자와 반대 방향으로 움직이는 것처럼 보이고, 이와 같은 움직임으로 전자가 잘 흐를 수 있게 만들어 줍니다.
정말 양공이 움직이는 것처럼 보여요.
전자 양공

이와 같이 양공이 이동하면서 반도체에 전류가 흐를 수 있도록 하는 반도체를 p형 반도체라고 하죠.
아. 그러니까 반도체는 고유 반도체와 n형·p형 반도체가 있는 거군요.
고유 반도체 + 불순물
p형 반도체
n형 반도체

5

n형 반도체와 p형 반도체의 만남

n형 반도체와 p형 반도체의 만남으로 만들어진
다이오드에 대해 알아봅시다.

5

n형 반도체와
p형 반도체의 만남

교.	중등 과학 3	3. 물질의 구성
과.	고등 과학 1	4. 정보 통신과 신소재
연.	고등 물리 I	2. 전기와 자기
계.	고등 물리 II	3. 원자와 원자핵

쇼클리가 불순물 반도체의
중요성을 강조하면서
다섯 번째 수업을 시작했다.

p−n 접합 다이오드

여러분, 우리는 지난 시간에 n형 반도체와 p형 반도체에 대해 공부하였습니다. 이 두 불순물 반도체는 오늘 배울 다이오드와 앞으로 배울 트랜지스터, 집적 회로를 공부함에 있어서 아무리 강조해도 지나치지 않을 만큼 중요한 내용이랍니다. 만약 지난 시간에 배웠던 내용들이 잘 기억이 나지 않는다면 이번 수업이 조금 어려워질 수도 있으니 반드시 복습을 한 후에 수업에 임하도록 하세요.

자, 그럼 여러분 모두 복습이 잘 되었다고 생각하고 수업을
시작해 보겠습니다.

쇼클리가 작은 상자에서 무엇인가를 꺼내어 학생들에게 보여 주며
질문하였다.

여러분, 이것이 무엇일까요?

＿ 이번 시간에 배우기로 한 다이오드 아닌가요?

네, 맞습니다. 이것은 반도체 물질을 발견하고 가장 먼저
발명한 반도체 소자인 다이오드입니다. 우리 주위에서 여러

곳에 쓰이고 있지요.

＿ 그런데 선생님, 제가 알고 있는 다이오드는 작은 전구처럼 생겨서 건전지를 연결하면 불이 켜지는 것인데, 이 다이오드는 불이 켜질 것처럼 보이지 않는데요?

방금 질문한 학생이 생각하고 있는 다이오드는 발광 다이오드 같군요. 지금 내가 들고 있는 이 다이오드와 같은 것이지요. 단지 불이 켜지느냐, 켜지지 않느냐의 차이일 뿐입니다. 쓰임이 달라서 형태가 다를 뿐이니 다른 것이라고 착각하지 않도록 하세요. 발광 다이오드에 관한 이야기는 뒤에서 자세히 알아볼 테니 먼저 다이오드의 원리에 대해 알아보도록 합시다.

내가 들고 있는 이 다이오드의 가운데 부분에 검은 띠는 두껍게, 은색 띠는 얇게 표시가 되어 있습니다. 그냥 무늬라고 생각할 수도 있지만 이것은 다이오드에게 있어 아주 중요한 표식이랍니다. 모든 다이오드에는 이렇게 자기만의 표식이 있습니다. 왜 이러한 표식을 만들었는지 쥐덫을 예를 들어 설명해 보겠습니다.

지금은 흔히 보기 힘들지만 사람들이 주로 농사를 짓던 옛날에 쥐는 곡식을 훔쳐 먹거나 병원균을 옮겨 사람들에게 해를 끼치는 나쁜 동물이었답니다. 그래서 사람들은 곳곳에 쥐

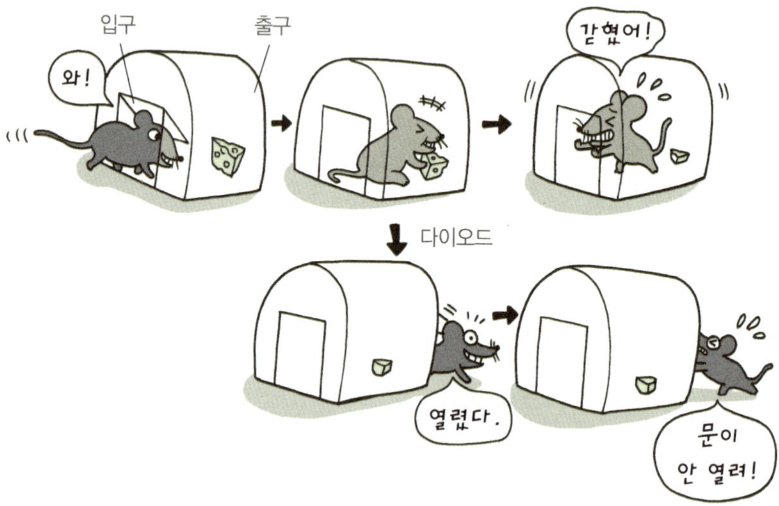

덫을 놓아 쥐를 잡았지요. 쥐덫의 가장 큰 특징은 입구는 있으나 출구가 없다는 것입니다. 망 속에 있는 먹이를 먹는 순간 입구가 닫혀 꼼짝없이 갇히는 것이지요.

그런데 다이오드는 출구가 있는 쥐덫에 비유할 수 있습니다. 좀 더 정확히 표현하자면 입구로 들어갈 수는 있지만 출구로는 들어갈 수 없는 쥐덫이지요.

쥐덫을 전기 회로에, 쥐를 전류에 비유해 볼게요. 전기 회로의 양전하 쪽을 쥐덫의 입구에 연결하고 출구를 음전하 쪽에 연결하면 쥐가 입구로 들어갈 수 있으므로 전류가 입구에서 출구로 흐릅니다. 하지만 반대로 연결하면 쥐가 출구로는

들어가지 못하므로 전류가 흐르지 못하지요.

그래서 다이오드에는 입구와 출구, 즉 전류가 들어 가는 곳과 나오는 곳의 구분을 위해 표식이 필요한 거랍니다. 양전하와 연결이 되어야 하는 곳은 두껍게 혹은 길게 표시를 하고, 음전하와 연결이 되어야 하는 곳은 얇게 혹은 짧게 표시하여 전류가 제대로 흐를 수 있도록 하는 것입니다.

다이오드에서 전류가 한쪽 방향으로만 흐르는 원리를 알아보겠습니다. 지금까지 설명한 다이오드는 모두 p형 반도체와 n형 반도체가 만나서 만들어진 것입니다. p형 반도체와 n형 반도체가 만나는 것을 'p-n 접합'이라고 합니다. 또 이렇게 두 반도체가 접합하여 만들어진 반도체를 p-n접합 다이오드라고 하지요.

p형 반도체에서는 양공이, n형 반도체에서는 자유 전자가 이동하면서 전류를 흐르게 하지요. 따라서 p형 반도체 부분에 전지의 (＋)극을 연결하고, n형 반도체 부분에 전지의 (−)

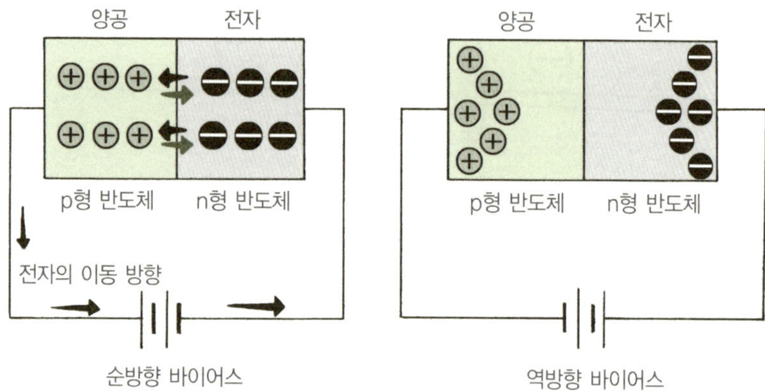

극을 연결한 후에 n형 반도체와 p형 반도체를 접합하면 자유 전자와 양공이 접합 경계면을 자유롭게 통과하여 전자와 양공의 흐름을 합한 많은 전류가 흐르게 됩니다. 이 방향으로 전압을 걸어 주는 것을 순방향 바이어스라고 합니다.

반대로 p형 반도체에 (−)극을 연결하고, n형 반도체에 (+)극을 연결하면 p형 반도체에 있는 양공이 (−)극으로 이동하고, n형 반도체의 전자들이 (+)극으로 이동하기 때문에 n형 반도체에서 p형 반도체 방향으로 전기장(전기를 띤 물체 주위에 전기 작용이 존재하는 공간)이 약하게 생겨 더 이상 전류가 흐를 수 없게 됩니다. 이러한 경우를 역방향 바이어스라고 하지요.

1. 어댑터

오로지 한 방향만을 고집하는 다이오드가 우리 주위에서 어떻게 사용되고 있는지 알아보겠습니다. 우리의 가정이나 학교에서는 직류와 교류 중 어떤 전류를 주로 사용한다고 하였지요?

__ 교류를 주로 사용하지요.

네, 맞습니다. 가정이나 학교에서 사용하는 교류는 전류의 세기와 방향이 주기적으로 변합니다. 그렇지만 휴대 전화나 카메라처럼 전지를 사용하는 전기용품에는 전류의 세기와

어댑터

방향이 일정한 직류를 사용해야 합니다.

가정에서 이러한 전기용품을 사용할 때는 교류를 직류로 바꿔 주는 장치가 필요하겠지요? 그 역할을 하는 것이 바로 어댑터입니다. 어댑터 속에 들어 있는 다이오드가 교류를 직류로 바꿔 주는 것이지요.

전기용품의 전원 연결부에는 교류를 직류로 바꿔 주는 다이오드를 이용한 회로가 있는데, 이 회로를 정류 회로라고 합니다.

2. 태양 전지

세 번째 수업에서 나는 평소에 부도체의 성질을 띠고 있는 반도체에 몇 가지 조건을 충족시켜 주면 자유 전자가 생겨 전기를 통할 수 있다고 했습니다. 그 조건에는 부도체에 특정한 물질을 넣는 것과 전압을 걸어 주는 것, 열을 가하거나 빛을 쪼여 주는 것 등이 있습니다.

특정 물질을 넣는 것은 n형 반도체와 p형 반도체가 있었고, 전압을 세게 걸어 주는 것은 니크롬선이 있었지요. 마지막으로 열을 가하거나 빛을 쪼여 주는 것에는 태양 전지가 있습니다. 태양 전지에 대해 들어 본 적이 있나요?

__ 네, 아빠가 우리 집에 있는 전자계산기에 태양 전지가

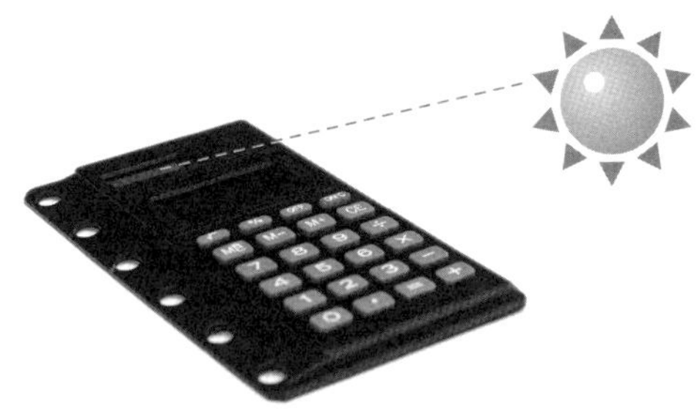

전자계산기

들어 있다고 하셨어요.

　맞아요. 대부분 전자계산기의 윗부분에 태양 전지가 있지요. 그뿐만 아니라 태양 전지는 시계, 가로등, 자동차, 우주선에 이르기까지 다양한 분야에 활용되고 있어요. 태양 전지는 현재 석유나 석탄 등의 천연 에너지 고갈 같은 환경 문제 때문에 세계 여러 나라에서 대체 에너지 차원에서 개발을 서두르고 있는 분야입니다. 태양 전지의 원리가 무엇일까요?

　＿ 태양 빛을 전기로 바꾸는 것이 아닐까요?

　네, 맞습니다. 태양에서 오는 빛 에너지를 전기 에너지로 바꾸어서 우리가 사용하는 각종 전기용품의 에너지원으로 이용하는 것이지요. 그런데 이 태양 전지도 p-n접합 다이오드를 이용하고 있답니다. 다음 그림을 보면서 자세히 설명하겠습니다.

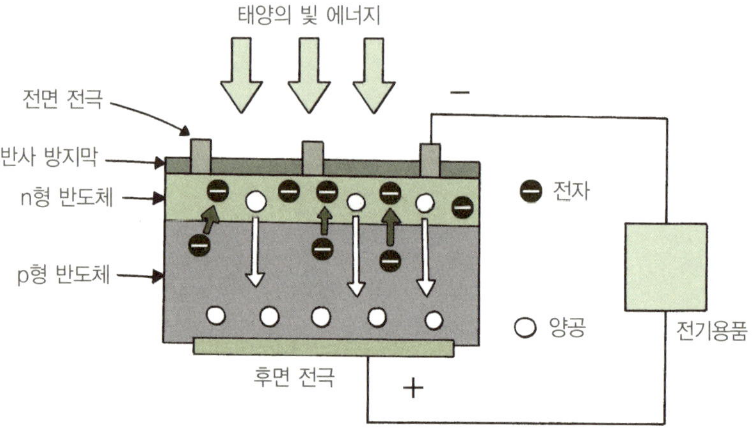

태양의 빛 에너지가 p-n접합 다이오드의 접합면에 있던
자유 전자, 양공과 충돌하면 자유 전자는 n형 반도체 쪽으로
이동하고, 양공은 p형 반도체 쪽으로 이동합니다. 그래서 전
선으로 전자를 내보내어 전류를 흐르게 하지요. 그래서 전선
과 연결되어 있는 전기용품을 작동시킵니다.

3. 발광 다이오드(LED)

자, 이번에는 여러분이 많은 곳에서 접해 보았을 발광 다이
오드에 대해 이야기해 볼까요? 흔히 LED(Light Emitting
Diode)라고도 하는 발광 다이오드의 가장 큰 특징은 전류가
흐를 때 빛을 낸다는 것이지요. 하지만 똑같이 전류가 흐를

때 빛을 내는 전구나 형광등과는 다른 특징을 가지고 있습니다. 내가 들고 있는 이 발광 다이오드를 잘 보세요. 뭐 이상한 부분 없나요?

＿ 다리처럼 붙어 있는 철사의 길이가 달라요.

잘 살펴보았군요. 다이오드의 원리를 전혀 모르는 사람이라면 불량품이라고 생각할 수도 있을 겁니다. 그래서 두 다리의 길이를 맞추고자 한쪽 다리를 가위로 자르는 어리석은 행동을 하는 사람도 있을 거예요. 하지만 다이오드의 원리를 공부한 우리는 발광 다이오드 다리의 길이가 다른 이유를 알 수 있지요. 누가 설명을 해 볼까요?

　　＿＿ 발광 다이오드의 한쪽은 n형 반도체이고, 다른 쪽은 p형 반도체가 연결되어 있기 때문에 구분을 해 주기 위해 길이를 다르게 한 것입니다.

　　네, 아주 잘 대답했습니다. 다음 그림을 보면 발광 다이오드 안에서 n형 반도체와 p형 반도체가 접하고 있는 모습을 볼 수 있습니다. 두 반도체가 접해 있는 곳에서 전자와 양공이 만나면 그들이 갖고 있던 에너지를 빛으로 냅니다. 여기서 반도체 재료와 도핑하는 불순물의 종류에 따라 빨간색, 녹색, 파란색 등의 빛의 종류가 다르게 나타나지요.

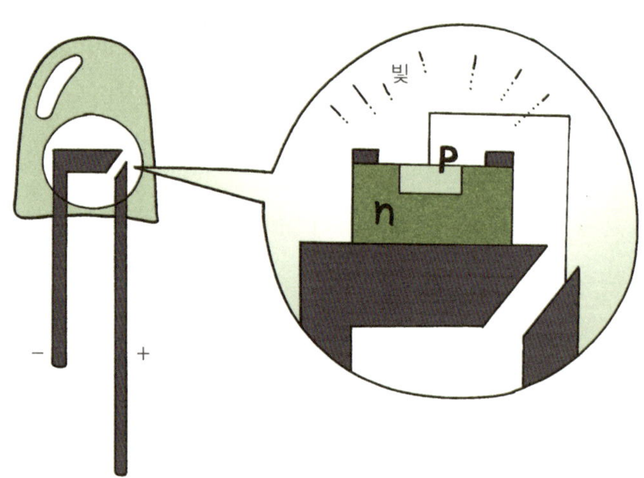

발광 다이오드의 구조

빛은 전자파의 일종으로 파장을 갖고 있습니다. 이 파장은 전자와 양공이 충돌할 때 생기는 에너지에 따라서 다르게 나타나지요. 발광 다이오드는 이와 같이 많은 전자와 양공이 충돌할 수 있는 구조로 만든답니다. 이 충돌을 재결합(recombination)이라고 하는데, 이 충돌로 전자와 양공은 마치 자석의 N극과 S극처럼 서로 밀착되면서 그들이 갖고 있던 에너지를 빛으로 발산합니다.

과학자의 비밀노트

재결합(recombination)
전자와 양공이 접합면에서 충돌하는 경우, 전자와 양공은 다시 공유 결합 상태로 되돌아가는데, 이와 같이 전자와 양공이 충돌하여 그들이 갖고 있던 에너지를 잃고 소멸하는 과정을 재결합이라고 한다.

발광 다이오드의 기본적인 구조도 n형 반도체와 p형 반도체를 접촉하여 만들기 때문에 p-n 접합 다이오드와 같습니다. 그런데 차이점이 있다면 발광 다이오드는 규소가 아닌 갈륨(Ga)과 비소(As)를 섞어서 만든다는 것입니다. 왜냐하면 일반 다이오드의 특성과는 다르게 빛을 내야 하기 때문이지요. 갈륨과 비소는 규소보다 자유 전자의 움직이는 속도가 5

배나 빠르고, 발광 효과가 있습니다. 발광 효과가 있다는 것은 자유 전자와 양공에 의해서 생기는 재결합이 잘된다는 뜻이기도 합니다.

그림을 보면 갈륨은 가전자가 3개이고, 비소는 가전자기 5개인 것을 알 수 있어요. 이들이 결합하면 양쪽의 가전자가 서로 공유하면서 두 원자의 성질을 모두 갖는 '갈륨비소'라는 화합물 반도체가 됩니다. 여기에 갈륨 원자를 더 많이 넣으면 p형 반도체, 비소 원자를 더 많이 넣으면 n형 반도체가 되고, 이들을 접합하면 p-n 접합 다이오드가 만들어집니다.

이 다이오드는 일반 다이오드와는 달리 발광 성질을 갖게 됩니다. 그래서 순방향 바이어스를 공급하면 접합면 부근에서 재결합이 이루어지고 이 때문에 빛이 나오게 되는데, 이것이 바로 발광 다이오드의 원리입니다. 이렇게 만들어진 발

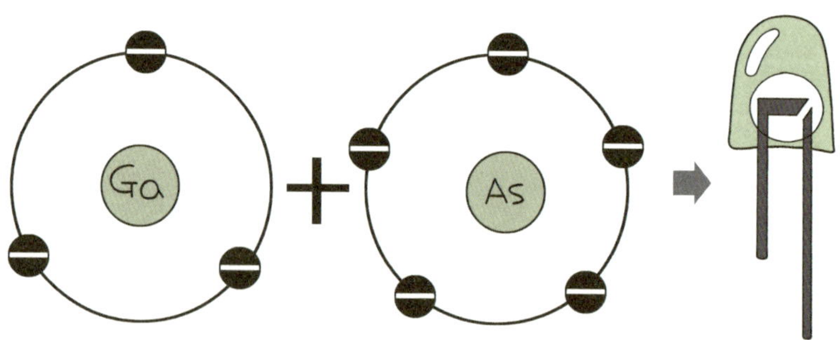

광 다이오드에 갈륨, 비소 외에 다른 물질을 섞으면 다양한 색의 빛을 낼 수 있답니다.

발광 다이오드와 전구의 다른 점은 전구는 전기 회로를 어떻게 연결해도 전류가 흘러서 불이 켜지지만 다이오드는 한 방향으로만 전류가 흐르고, 그 반대 방향으로는 흐르지 않는다는 것입니다.

전구: 전선을 반대로 연결해도 전구에 불이 켜진다.

다이오드: 다이오드의 출구와 입구가 바뀌면 전구에 불이 켜지지 않는다.

전구와 다이오드의 차이점

빛의 삼원색은 빨간색, 녹색, 파란색입니다. 이 세 가지 색으로 사람이 볼 수 있는 모든 색을 만들 수 있지요. 이러한 일을 LED도 한답니다. LED는 여러 가지 재료를 섞어서 다양한 색을 만들 수 있어요. 여러분, 집에서 쓰고 있는 형광등은 어떤 색인가요?

__ 흰색입니다.

그렇죠. 형광등의 색은 흰색, 즉 백색광입니다. 그런데 LED로도 형광등 같은 백색광을 만들 수 있습니다. 백색광은 빨간색, 녹색, 파란색를 모두 섞거나 파란색을 내는 LED에 형광체를 섞어서 만들 수 있습니다. 그래서 앞으로는 LED가 대부분의 형광등이나 백열등을 대신할 것으로 기대하고 있습니다.

__ 선생님, 형광등이나 백열등을 LED로 바꾸려는 이유가 뭔가요?

오! 아주 훌륭한 질문을 했군요. LED는 전기를 빛으로 변환하는 비율이 높아서 형광등의 $\frac{1}{2}$배, 백열등의 $\frac{1}{8}$배로 소비 전력(전기용품의 동작에 필요한 전력)이 낮습니다. 광원(빛을 내는 물체)이 작기 때문에 작고, 얇고, 가볍게 만들 수 있다는 장점도 있지요. 그리고 수명이 길고 친환경적이기 때문에 형광등보다 훨씬 경제적입니다. 최근에는 LED가 백열등에 비해 86%의 전기료를 절감할 수 있다는 연구 결과가 나오기도 했답니다.

	백열등	형광등	LED
수명(시간)	1,000	3,000~4,000	20,000~40,000
발광 효율(*lm)	17	45	60~80
점등 속도(초)	0.15~0.25	1~2	1/1,000만 이하

*lm : 광속의 단위

다이오드와 전구

이러한 특징을 이용하여 우리 주위에서는 전광판, 신호등, 자동차에 있는 각종 램프, 휴대 전화, TV, 조명 기기 등에 LED를 사용하고 있습니다. 그뿐만 아니라 최근에는 LED 기술을 질병의 치료 목적으로도 사용하고 있지요.

__ 선생님, LED를 이용해서 어떻게 질병을 치료할 수 있나요?

LED를 이용한 대표적인 의료기로는 '의료용 LED 치료기'가 있습니다. 이 치료기의 백색 LED에서는 가시광선이 나오고, 빨간색 LED에서는 적외선이 나옵니다. 가시광선은 사람의 눈으로 볼 수 있는 빛이고, 적외선은 가시광선보다 파장이 길고 사람의 눈으로 볼 수 없는 빛입니다. LED에서 다른 색의 빛이 나오는 이유는 각각의 빛이 가지고 있는 전자파의 진동수가 다르기 때문이지요. 적외선은 긴 진동파를 이용하여 어깨 결림, 관절통, 상처 등을 치료해 주는 기능을 합니다.

그리고 앞으로 LED를 이용하여 농산물의 성장, 인간의 감성 조명 등으로 발전시켜서 그 분야를 더더욱 넓힐 예정이라고 합니다. LED가 다양하고 아름다운 빛뿐만 아니라 사람들의 병을 치료하고, 농산물을 키우는 데에도 쓰인다니 참 다재다능하다는 생각이 들지 않나요? 여러분도 LED 기술을 더 발전시킬 수 있는 방법을 찾아보는 것은 어떨까요?

그럼 LED를 이용한 여러분의 다양한 아이디어를 기대하며 오늘 수업은 여기서 마치겠습니다. 다음 시간에는 반도체 3개를 접합하여 만든 트랜지스터와 트랜지스터를 이용하여 만든 집적 회로(IC)에 대해 알아보도록 할게요. 다음 시간에 다시 만납시다.

만화로 본문 읽기

박사님, LED TV, LED 모니터, LED 조명기 하는데, 대체 LED가 뭔가요?
그건 발광 다이오드를 말하는 거예요. 다이오드가 뭔지 설명해 줄게요.
LED TV 특가 전

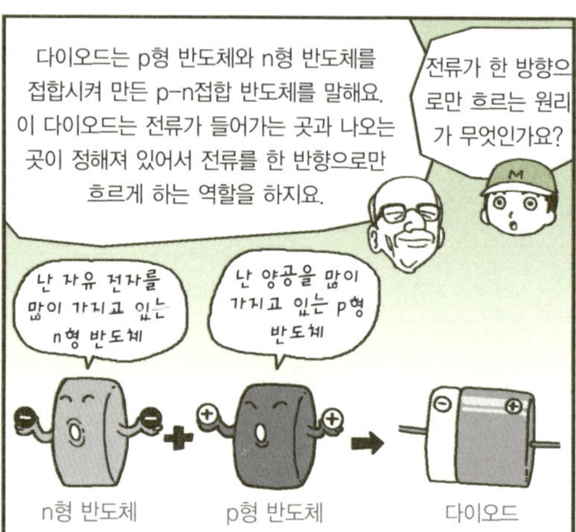
다이오드는 p형 반도체와 n형 반도체를 접합시켜 만든 p-n접합 반도체를 말해요. 이 다이오드는 전류가 들어가는 곳과 나오는 곳이 정해져 있어서 전류를 한 반향으로만 흐르게 하는 역할을 하지요.
전류가 한 방향으로만 흐르는 원리가 무엇인가요?
난 자유 전자를 많이 가지고 있는 n형 반도체
난 양공을 많이 가지고 있는 p형 반도체
n형 반도체
p형 반도체
다이오드

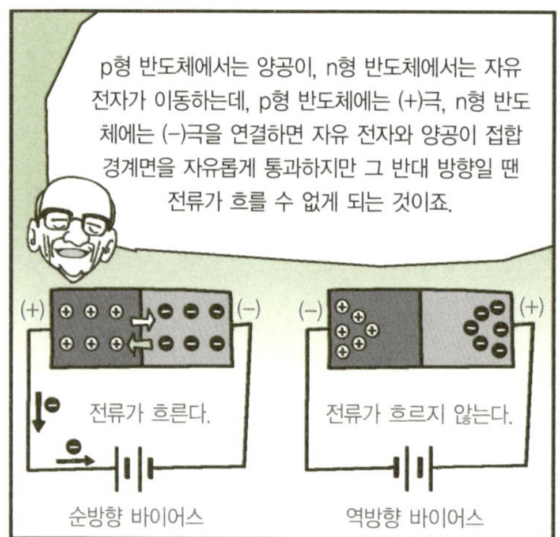
p형 반도체에서는 양공이, n형 반도체에서는 자유 전자가 이동하는데, p형 반도체에는 (+)극, n형 반도체에는 (-)극을 연결하면 자유 전자와 양공이 접합 경계면을 자유롭게 통과하지만 그 반대 방향일 땐 전류가 흐를 수 없게 되는 것이죠.
(+)
(-)
(-)
(+)
전류가 흐른다.
전류가 흐르지 않는다.
순방향 바이어스
역방향 바이어스

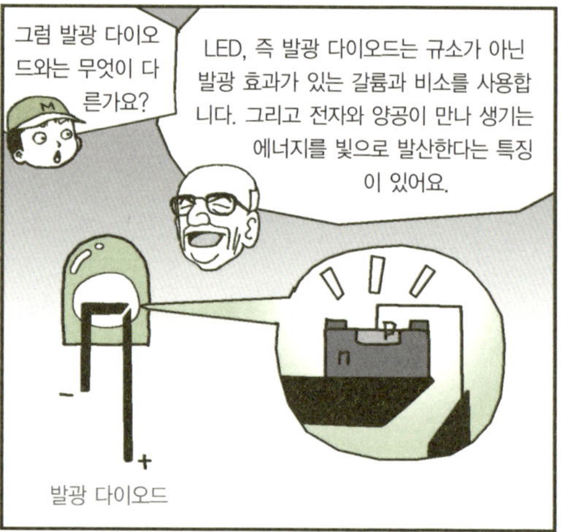
그럼 발광 다이오드와는 무엇이 다른가요?
LED, 즉 발광 다이오드는 규소가 아닌 발광 효과가 있는 갈륨과 비소를 사용합니다. 그리고 전자와 양공이 만나 생기는 에너지를 빛으로 발산한다는 특징이 있어요.
p
n
발광 다이오드

또 반도체 재료와 도핑하는 불순물의 종류에 따라 빨간색, 녹색, 파란색 등의 다른 빛의 낼 수가 있어요.
그럼 전구와는 다른가요?
빨간색
노란색
녹색
백색
다양한 색

네, 가장 큰 차이라면 발광 다이오드는 한 방향으로만 전류가 흐른다는 것이지요. 이뿐만 아니라 소비 전력이 낮고, 작고 가벼워서 훨씬 경제적이라고 할 수 있습니다.
백열등 대신 발광 다이오드를 사용해야겠군요.
VS
· 전류의 방향에 상관없이 불이 켜짐.
· 소비 전력이 높아서 비경제적임.
· 전류의 방향이 바뀌면 불이 켜지지 않음.
· 소비 전력이 낮아서 경제적임.

6

트랜지스터와 집적 회로(IC)

3개의 반도체를 접합하여 만든 트랜지스터에 대해 살펴보고,
트랜지스터를 이용하여 만든 집적 회로에 대해 알아봅시다.

6

트랜지스터와 집적 회로(IC)

쇼클리는 아쉬운 표정을 지으며
마지막 수업을 시작했다.

여러분, 다이오드는 어떻게 만들어졌지요?

＿n형 반도체와 p형 반도체가 접합하여 만들어졌어요.

네, 맞습니다. 다이오드는 2개의 반도체가 접합하여 만들어졌습니다. 오늘 수업에서는 여기에 하나를 더 붙여 보도록 하겠습니다.

n형 반도체 – p형 반도체 – n형 반도체 혹은 p형 반도체 – n형 반도체 – p형 반도체를 접합하여 만든 반도체 소자를 트랜지스터라고 합니다. 트랜지스터는 1948년 미국의 벨 연구소에서 나, 쇼클리와 바딘(John Bardeen, 1908～1991),

브래튼(Walter Brattain, 1902~1987) 이렇게 세 명의 과학
자에 의해서 발명되었습니다. 내가 발명한 트랜지스터를 여
러분과 함께 공부한다고 생각하니 새삼 자랑스럽다는 생각
이 드네요, 하하하.

벨 연구소에서 나는 결정(crystal)에 관한 연구를 하고 있
었습니다. 결정을 이용해서 증폭 작용(진동의 진폭을 증가시키
는 작용)을 실현하고자 많은 실험을 계속하였으나 성공하지
못했지요. 하지만 바딘과 브래튼의 도움으로 트랜지스터를
발명하게 되었답니다.

트랜지스터의 구조

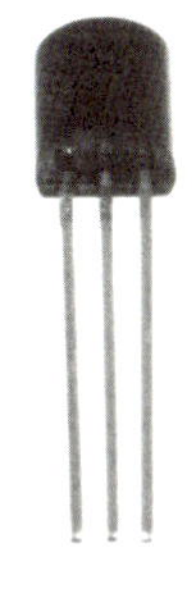

트랜지스터

트랜지스터에는 2 종류의 반도체가 있는데, 하나는 p-n-p형이고, 또 하나는 n-p-n형입니다. 이 두 트랜지스터는 모두 2개의 접합면을 가지고 있습니다. 그리고 p형 반도체에는 양공이 많이 있고, n형 반도체는 자유 전자가 많이 있어 서로 반대의 특징을 가지고 있지요. 트랜지스터는 전자와 양공 둘이 힘을 합쳐 일을 하고 있기 때문에 쌍극성 트랜지스터(bipolar transistor)라고도 합니다.

트랜지스터는 이미터(emitter), 베이스(base), 컬렉터(collector)의 3개의 발을 갖는 구조로 되어 있습니다. 다이오드보다 발이 1개 더 많지요? 그래서 트랜지스터는 다이오드

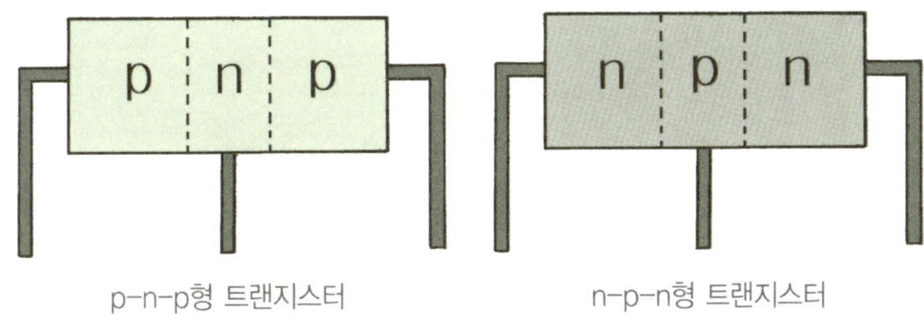

p-n-p형 트랜지스터   n-p-n형 트랜지스터

보다 더 많은 일을 할 수 있답니다. 그리고 트랜지스터를 여러 개 연결하면 훨씬 더 많은 일을 할 수 있지요.

이미터란 '방출하다, 놓아주다'라는 뜻이고, 컬렉터란 '끌어모으다'라는 뜻입니다. '이미터에서 방출한 것을 컬렉터에서 끌어모으다'라고 해석할 수 있겠지요. 그렇다면 이미터에서 방출하는 것은 무엇일까요?

n-p-n형 트랜지스터일 경우 이미터가 n형 반도체이므로 방출되는 것이 자유 전자일 것이고, p-n-p형 트랜지스터일 경우 이미터가 p형 반도체이므로 방출되는 것이 양공일 것입니다. 그리고 컬렉터는 이미터에서 던진 자유 전자 혹은 양공을 끌어모아야겠지요. n-p-n형 트랜지스터는 컬렉터에 (+)전압을 걸어 주고, p-n-p형 트랜지스터라면 (−)전압을

걸어 주면 되겠지요. 전자는 (＋)전압으로 이끌리고, 양공은 (－)전압으로 이끌리는 성질이 있으니까요.

__ 선생님, 이미터와 컬렉터 사이에 있는 베이스는 어떤 역할을 하나요?

아, 베이스요? 이런! 베이스에 대한 설명을 깜빡할 뻔했군요. 트랜지스터를 만들 때 베이스 영역의 폭을 아주 얇게 만듭니다. 베이스는 이미터에서 던진 자유 전자나 양공이 이곳을 잘 빠져나가 컬렉터에 잘 도달할 수 있도록 힘을 실어 주는 장소로 쓰입니다. 즉, 이미터에서 던진 자유 전자 혹은 양공이 그 반대 물질인 베이스에서 소모되지 않고 바로 컬렉터

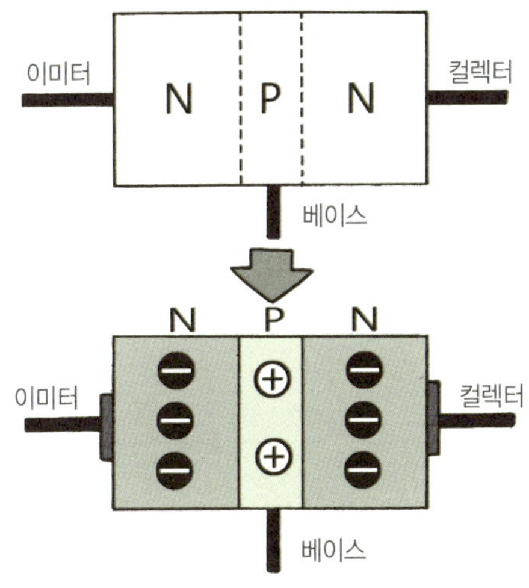

에 도달할 수 있도록 하기 위한 것이지요. 베이스를 빠져나가지 못한 자유 전자나 양공들은 베이스의 다른 양공이나 자유 전자와 재결합하여 소멸됩니다.

트랜지스터의 역할

1. 스위치 작용

쇼클리가 칠판에 2개의 전기 회로 그림을 그렸다.

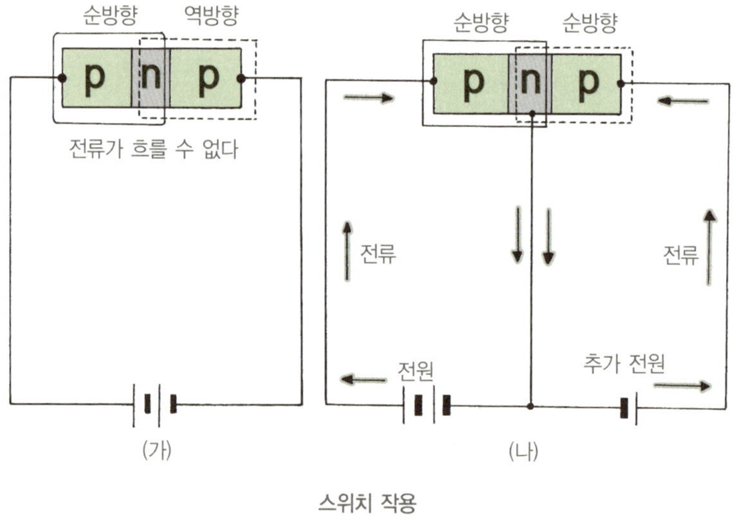

스위치 작용

2개의 전기 회로의 그림을 잘 보세요. 어떤 점이 다른가요?

ㅡ (가)는 전기 회로가 1개이고, (나)는 전기 회로 2개가 연결되어 있어요.

네, 맞습니다. 너무 쉬운 질문이었나요? 하하하. 그런데 이 두 전기 회로에는 눈에 보이지 않는 아주 큰 차이점이 있답니다. 잘 들어 보세요.

(가)의 전기 회로의 트랜지스터를 잘 보면 왼편의 p-n 접합은 순방향이어서 전류가 흐를 수 있지만 오른편의 n-p 접합은 역방향이기 때문에 전류가 흐르지 않는답니다. 하지만 (나)와 같이 전기 회로 하나를 더 연결하여 전압을 추가하면 오른편의 p-n 접합도 순방향이 되므로 전류가 흐를 수 있지요. 이와 같이 추가 전원의 연결 여부가 전류의 흐름을 결정하는 것을 트랜지스터의 스위치 작용이라고 합니다.

스위치 작용은 주로 컴퓨터를 만들 때 사용합니다. 요즘에는 많은 전기용품이 컴퓨터로 이루어졌지요. 컴퓨터 속에는 디지털 회로가 들어 있는데, 이 디지털 회로의 작동 원리는 2진수의 원리, 즉 '0'과 '1'이라는 두 가지 신호로만 작동되도록 설계된 것입니다.

두 가지 신호란 예를 들어 스위치를 올려서 형광등에 불이 켜진 상태(ON)를 '1', 스위치를 내려서 형광등의 불이 꺼진

상태(OFF)를 '0'이라고 하는 것과 같습니다. 이러한 두 가지의 상태를 트랜지스터가 조절하지요. 다시 말해 베이스와 연결되어 있는 전류(I_b)를 ON, OFF 함으로써 이미터와 컬렉터 사이에 흐르는 전류를 ON, OFF로 조절할 수 있다는 것입니다.

현대 사회에서 없어서는 안 될 휴대 전화, TV 등의 각종 전기용품 속에는 디지털 회로가 들어가 있는데, 이 디지털 회로를 구성하는 트랜지스터가 스위치 작용을 할 수 있도록 설계되어 있습니다.

2. 증폭 작용

오른쪽 페이지의 그림과 같이 트랜지스터가 포함된 전기 회로에 전압을 걸면 아래쪽의 p-n 접합에서는 이미터에서 베이스 쪽으로 양공이 이동합니다. 그래서 화살표 방향으로 전류가 흐르지요. 이때 위쪽의 n-p 접합 사이에 아래쪽보다 더 높은 전압을 걸어 주면 이미터에서 베이스로 이동하던 양공이 컬렉터 쪽의 높은 전압에 이끌려 대부분 컬렉터 쪽으로 이동하고 소수의 양공만이 베이스 쪽으로 이동합니다.

즉, 대부분의 전류가 컬렉터 쪽으로 흐르고 소량의 전류만이 베이스 쪽으로 흐른다는 것이지요. 그래서 순방향 전압에

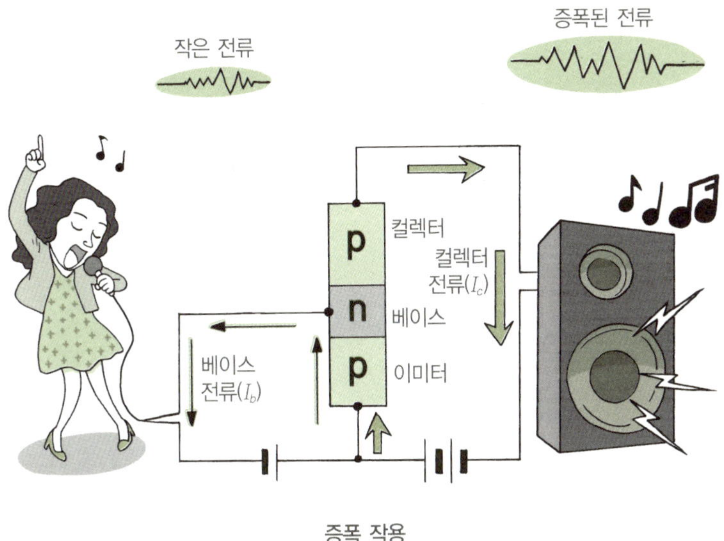

증폭 작용

의한 베이스 전류(I_b)를 약간만 변화시켜도 컬렉터 전류(I_c)는 더 크게 변화시킬 수 있습니다. 마이크를 베이스에 연결하고, 스피커를 컬렉터와 연결하면 이미터에 입력된 작은 신호가 컬렉터에서 큰 신호로 출력되도록 제어할 수 있는 것이지요. 이러한 트랜지스터의 역할을 증폭 작용이라고 합니다. 트랜지스터의 증폭 작용과 스위치 작용을 이용하면 다양한 기능을 가진 전기 회로를 만들 수 있답니다.

트랜지스터는 매우 작게 만들 수 있고, 소비 전력 또한 진공관과 비교했을 때 $\frac{1}{100만}$ 정도로 적을 뿐만 아니라, 열도 많이 발생하지 않습니다. 트랜지스터의 이러한 성질은 1953

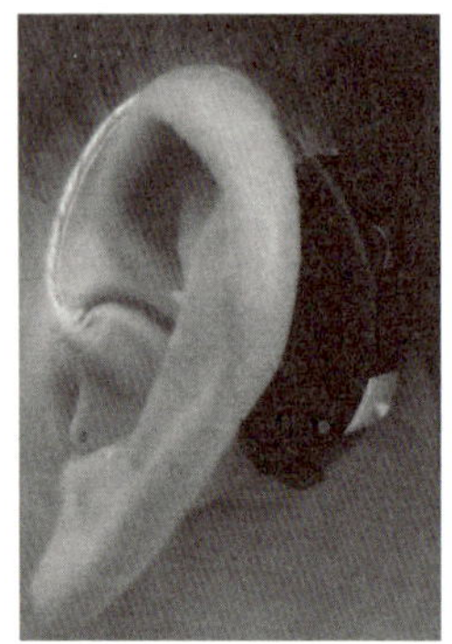

마이크와 보청기

년 보청기에 처음 사용된 이후 마이크와 스피커 등 점차 많은 전기용품에 사용되었으며 현재까지 전기용품의 성능 향상과 소형화에 기여하고 있답니다.

트랜지스터가 발명되기 전에는 라디오나 복잡한 컴퓨터 등에 진공관이 사용되었습니다. 하지만 트랜지스터가 발명되고 난 후에 진공관은 거의 사라졌지요. 왜냐하면 트랜지스터는 진공관보다 낮은 전압과 전력으로 회로를 작동시키고, 수명이 훨씬 길며, 전원을 켜자마자 작동한다는 장점이 있기 때문입니다.

하지만 이러한 트랜지스터에도 단점은 있습니다. 반도체는 주로 규소로 만들었다고 하였지요? 규소로 만든 트랜지스터는 접합부에서 주로 열이 발생합니다. 이것이 어느 정도의 열에 견딜 수 있는가 하는 것이 주요 성능 중의 하나이지요.

트랜지스터에서 발생하는 온도는 150∼200℃ 정도입니다. 목욕탕의 온도가 45℃ 이하인 것을 생각할 때 150∼200℃의 온도를 견뎌 내는 트랜지스터가 열에 약하다고 할 수는 없지요. 하지만 일반적인 전기용품 속에는 한두 개가 아닌 수억 개의 트랜지스터가 들어 있기 때문에 수많은 트랜지스터가 동시에 발산하는 열을 식혀 줄 수 있는 장치가 필요합니다.

그래서 온도에 따라 사용하기 어려운 경우도 생기고, 이 때문에 많은 전력이 필요할 때는 사용하기 어렵다는 단점이 있습니다. 하지만 이러한 단점에도 불구하고 반도체와 트랜지

스터 기술은 하루가 다르게 발전하고 있답니다. 단점들을 하나씩 보완해 가며 완벽한 트랜지스터를 만들 때까지 과학자들의 연구와 노력이 계속되고 있지요.

집적 회로(IC, integrated circuit)

n형 반도체와 p형 반도체를 이용하여 만들어진 다이오드나 트랜지스터 같은 단일 반도체 부품을 회로 소자라고 합니다. 회로 소자에는 다이오드와 트랜지스터 외에도 저항(resistor), 콘덴서(condensor) 등이 있습니다. 저항이란 의도적으로 전자의 흐름을 막는 것이고, 콘덴서는 두 극판 사이에 (+)전하와 (-)전하를 저장하는 것이지요.

우리가 전기 회로 실험을 할 때 가장 많이 쓰는 전구는 저항으로 표현할 수 있지요. 전구나 콘덴서 등의 여러 회로 소자를 배치하여 서로 연결한 것을 디지털 회로 또는 전자 회로라고 합니다.

하나의 기판(전선이나 여러 가지 전기 장치 연결을 변경할 수 있는 회로 판) 위에 회로 소자 2개 이상을 서로 연결하여 일정한 기능을 갖도록 한 것이 바로 집적 회로(IC, integrated circuit)입니다. 집적이란 말은 '모아서 쌓다' 라는 뜻입니다. 이 말과 같이 집적 회로란 2개 이상의 회로 소자를 아주 작게 만들어 기판 내에서 분리될 수 없도록 결합한 전자 회로를 의미하지요.

다음 그림은 규소 기판 위에 회로 소자들을 서로 연결하여 집적 회로를 만든 것입니다. 옛날에는 15cm 길이에 구성한 회로 부품을 지금의 5μm 길이에 집적시켰으니 길이는

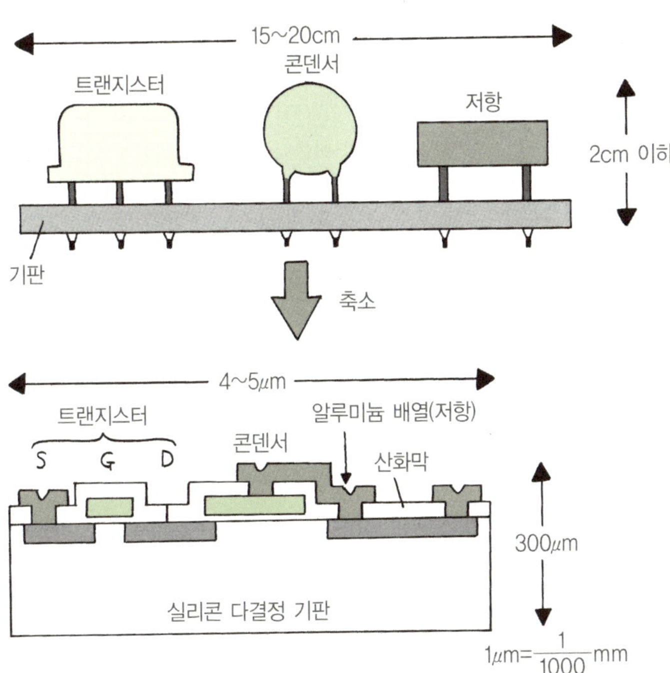

$\dfrac{1}{3만}$, 면적은 $\dfrac{1}{9억}$로 축소된 것을 알 수 있습니다.

또한 아주 작게 만든 여러 종류의 트랜지스터를 주어진 면적 속에 수만~수억 개씩 넣어 집적 회로를 만든 다음, 이들을 연결하여 전기용품을 만들지요. 물론 앞으로는 이보다 더욱 작아진 집적 회로가 나올 것으로 기대하고 있답니다.

집적 회로의 종류

집적 회로의 종류	명칭	소자의 수	면적
SSI(small scale integration)	저밀도 집적 회로	100개 이하	
MSI(medium scale integration)	중밀도 집적 회로	100~1,000개	
LSI(large scale integration)	고밀도 집적 회로	1,000~10,000개	2~6mm^2
VLSI(very large scale integration)	초고밀도 집적 회로	10,000~100,000개	5~9mm^2
ULSI(ultra large scale integration)	극초고밀도 집적 회로	100,000개 이상	10mm^2

일반적으로 수mm^{2}의 규소 기판 위에 수백~수천 개에 상당하는 회로 소자가 배열되어 있어서 이들이 집적 회로가 됨

에 따라 전기용품이 소형화되고, 소비 전력이 절감되는 동시에 신뢰성도 한층 향상되고 있습니다. 따라서 집적 회로는 집에서 사용하고 있는 가전제품을 포함하여 항공기, 미사일, 자동차, 통신 기기 등 우리 일상생활에서 다방면으로 이용되고 있답니다.

가장 대표적인 집적 회로에는 전원과 상관없이 정보를 저장할 수 있는 롬(ROM, Read Only Memory)과 빠른 속도로 정보를 읽고 쓸 수 있는 램(RAM, Random Access Memory)이 있고, 최근에는 컴퓨터, 디지털카메라, PDA 등의 메모리 카드나 신용 카드 등과 같은 개인 IC 카드에 이용되는 고속, 대용량의 FRAM이 개발되었지요.

집적 회로를 만드는 과정은 목적에 따라 조금씩 다르지만 일반적으로 웨이퍼(wafer)라는 둥근 규소 원판을 제작하고 미리 설계된 디지털 회로를 웨이퍼 위에 가공한 후, 완제품을 조립해 검사하는 단계로 이루어집니다. 이를 개별 칩(규소판 위에 만들어진 디지털 회로)으로 잘라 포장하면 집적 회로가 완성됩니다.

요즘에는 반도체를 '산업의 쌀' 이라는 말로 표현하고 있습니다. 그만큼 여러 분야에서 반도체가 차지하는 응용 범위가 넓고 중요하다는 뜻이지요. 반도체 산업은 1980년대 접어들

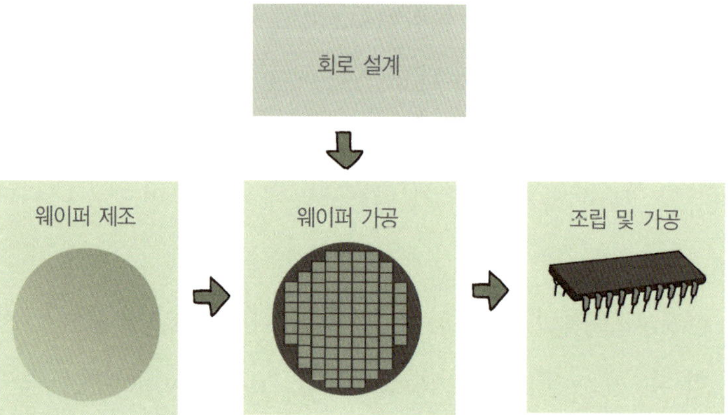

어 급속히 발전하여 현대 첨단 산업이라 하는 컴퓨터, 통신, 인공위성 및 로봇 분야부터 일상생활의 가전제품에 이르기까지 모든 산업 분야에서 필수적인 부품의 기반 기술로 자리 잡았습니다. 이에 따라 반도체 소자는 고성능, 고집적화, 대량 생산으로 실용화의 근간을 이루게 되었지요.

하지만 반도체 산업은 아직도 그 끝을 알 수 없는 무궁무진한 잠재력을 지닌 분야이기도 합니다. 아직은 더 보안해야 할 단점이 많지만 여러분이 더 열심히 공부하고 연구한다면 한국은 세계 어느 누구도 넘볼 수 없는 반도체 강국으로 우뚝 서게 될 것입니다. 그 날을 기대하며 수업을 마치겠습니다.

오늘은 내가 바딘, 브래튼과 발명한 세 개의 반도체를 접합하여 만든 트랜지스터에 관해 얘기해 볼까요?
세 개의 반도체를 접합하여 만들었다고요?

네, n-p-n 순이나 p-n-p 순으로 세 개의 반도체를 접합하여 만든 것을 트랜지스터라고 하지요. 이 트랜지스터는 전자와 양공이 힘을 합쳐 일을 하고 있기 때문에 쌍극성 트랜지스터라고도 합니다.
난 pnp형 트랜지스터야.
그래? 난 npn형 트랜지스터인데.
P N P
N P N

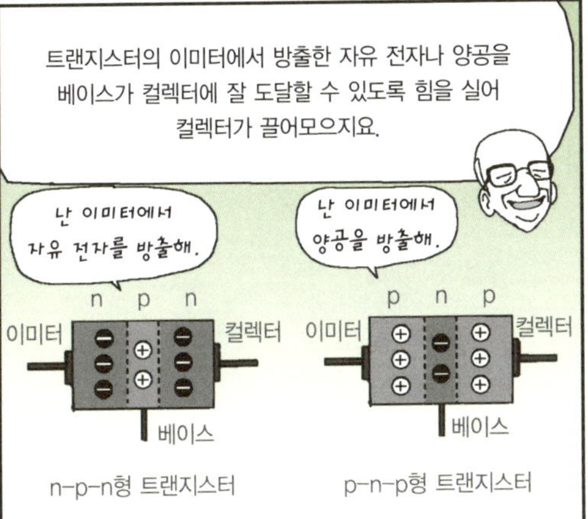
트랜지스터의 이미터에서 방출한 자유 전자나 양공을 베이스가 컬렉터에 잘 도달할 수 있도록 힘을 실어 컬렉터가 끌어모으지요.
난 이미터에서 자유 전자를 방출해.
난 이미터에서 양공을 방출해.
n p n
이미터
컬렉터
베이스
n-p-n형 트랜지스터
p n p
이미터
컬렉터
베이스
p-n-p형 트랜지스터

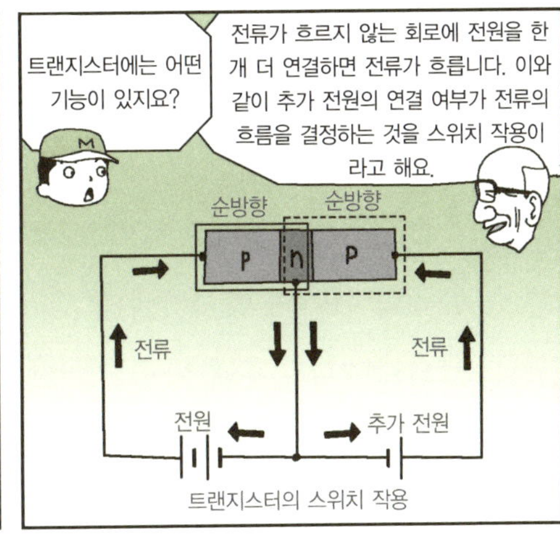
트랜지스터에는 어떤 기능이 있지요?
전류가 흐르지 않는 회로에 전원을 한 개 더 연결하면 전류가 흐릅니다. 이와 같이 추가 전원의 연결 여부가 전류의 흐름을 결정하는 것을 스위치 작용이라고 해요.
순방향
순방향
P n P
전류
전류
전원
추가 전원
트랜지스터의 스위치 작용

그리고 마이크에 들어온 작은 전기 신호를 스피커를 통해 크게 하는 작용을 증폭 작용이라고 하는데, 이와 같은 원리가 보청기에도 쓰입니다.
그런데 컴퓨터 안엔 반도체 외에 다른 부품도 많이 있잖아요?
P n P
보청기

네, 맞아요. 이 외에 기판 위에 저항이나 콘덴서 같은 회로 소자 2개 이상을 연결하여 일정한 기능을 갖게 한 집적 회로(IC)가 있답니다.
아~, 반도체는 우리에게 없어서는 안 될 아주 중요한 기술이군요!
컴퓨터
휴대 전화
16GB
디지털 카메라
IC카드 신용 카드

반도체 시대를 활짝 연 쇼클리 William Shockley 1910~1989

1910년 영국 런던에서 태어난 쇼클리는 1932년 캘리포니아 공과대학을 졸업하고, 1936년 메사추세츠공과대학교(MIT)에서 물리학 분야의 박사 학위를 취득했습니다. 그 후에 바로 미국에 있는 벨 연구소의 기술진으로 들어갔고, 그곳에서 트랜지스터의 발명을 위한 실험을 시작했습니다.

쇼클리는 바딘, 브래튼과 공동으로 'p-n 접합 트랜지스터'를 개발하였으며, 그 공로가 인정되어 1956년 세 명의 과학자가 함께 노벨 물리학상을 받았습니다.

쇼클리가 개발한 트랜지스터는 부피가 크고 비효율적이었던 진공관을 대체하여 오늘날 편리하게 사용하고 있는 각종 전기용품에 쓰이고 있습니다. 컴퓨터나 휴대 전화 등의 전기 용품을 만들 수 있는 전자공학 시대를 여는 데 크게 기여했다고 볼 수 있습니다.

그 후에도 쇼클리는 캘리포니아 공과대학 물리학 객원 교수와 국방부의 무기체계평가 회의의 보좌관을 지냈습니다. 그리고 1955년에는 베크만 기기 회사에서 쇼클리 반도체 연구소를 세워 연구 개발에 몰두하였습니다. 1958년에는 캘리포니아 스탠퍼드대학교 강사가 되었으며, 1963년에는 공과대학 교수가 되었습니다.

1950년대부터 새로운 트랜지스터 디자인을 상업화하려고 한 그의 노력은 실리콘 밸리의 탄생으로 이어졌습니다.

쇼클리의 저서로는 《반도체의 전자와 양공(Electrons and Holes in Semiconductors)》(1950) 등이 있으며, 그 외에도 다수의 논문을 발표하였습니다.

언제, 무슨 일이?

과학사
세계사
중국, 영국과 티베트 조약 체결
포레스트
3극 진공관 발명
1906
터키–이탈리아 전쟁 발발
러더퍼드
원자핵 발견
1911
독일, 국제연맹에 가입
슈뢰딩거
파동 방정식 완성
1926
영국, 총선거에서 보수당 승리하
여 처칠 내각 성립
쇼클리
접합 트랜지스터 발명
1951
쿠바, 혁명 발발, 군참모총장에
카스트로 취임
무어
평면 집적 회로(IC) 개발
1959

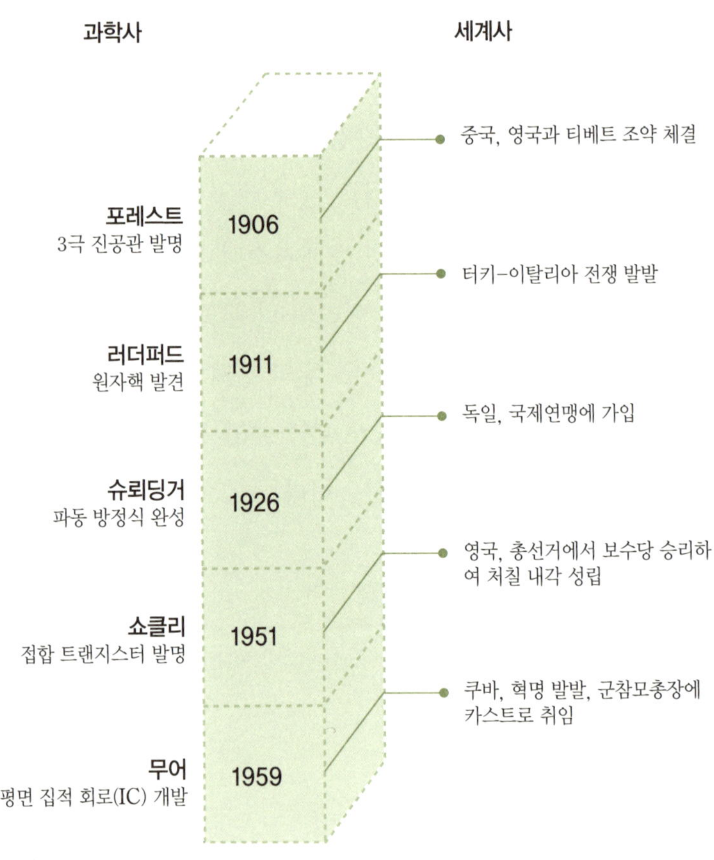

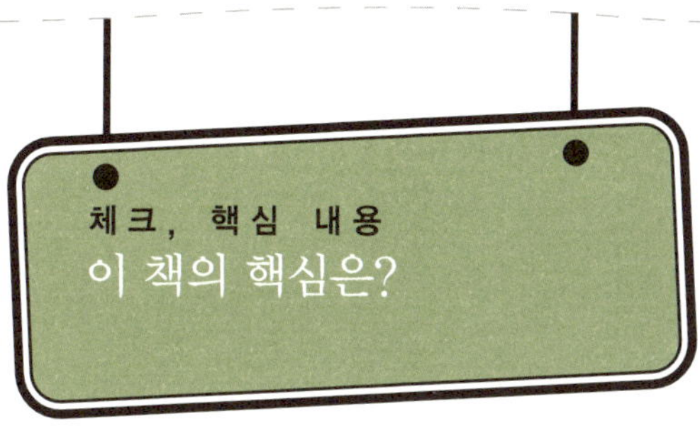

1. 원자핵에서 벗어나 자유롭게 움직일 수 있는 전자를 □□ □□라고 합니다.

2. 부도체가 특정한 조건을 만족하면 도체와 부도체의 중간적 성질을 갖게 되는데, 이러한 물질을 □□□라고 합니다.

3. 규소 원자에 인을 주입하면 전자 1개가 자유 전자로 되는데, 이렇게 여분의 전자가 많이 있는 반도체를 □□ □□□라고 합니다.

4. 한 방향으로만 전류가 흐르고, 그 반대 방향으로는 전류가 흐르지 않는 반도체 소자는 □□□□□입니다.

5. □□□□□□는 전기를 빛으로 변환하는 비율이 높아서 형광등의 $\frac{1}{2}$배, 백열등의 $\frac{1}{8}$배로 소비 전력이 적습니다.

6. 마이크에서 들어온 작은 전기 신호를 많은 사람들이 들을 수 있도록 스피커에서 크게 하는 작용을 □□ 작용이라고 합니다.

1. 자유 전자 2. 반도체 3. n형 반도체 4. 다이오드 5. 발광 다이오드 6. 증폭

탄소나노튜브
(CNT : Carbon nanotube)

탄소나노튜브는 지름 2~20nm($1nm = \dfrac{1}{1,000,000,000}m$)에 길이 수백~수천nm인 물질로, 1991년 일본 NEC의 기초 연구소의 이이지마 스미오(Sumio Iijima, 1939~) 수석 연구원이 탄소 60개를 포함하고 있는 최초의 풀러렌(탄소 60개로만 이루어진 분자)인 C_{60}을 연구하는 과정에서 발견하였습니다.

탄소나노튜브는 반도체와 초전도 물질 등의 다양한 특성을 갖고 있으며, 그 속에 다른 원소를 주입하면 또 다른 성질을 띠기 때문에 차세대 반도체 소재로 각광받고 있습니다.

탄소나노튜브에서 하나의 탄소 원자는 3개의 다른 탄소 원자와 결합되어 있어 육각형 벌집 모양을 이루며, 금속과 같은 도체 성질을 띠기도 하고, 때로는 반도체의 성질을 띠기도 합니다.

　탄소나노튜브는 이미 도핑된 효과를 지니고 있으므로 반도체 소자 제작 공정에서 중요한 과정이 줄어들어 상당한 이점을 갖습니다. 또한 회로 선의 폭이 나노미터 정도로 작기 때문에 수 나노미터 정도 크기의 기억 소자나 회로를 만든다면 현재의 집적 회로 선폭의 $\frac{1}{100}$ 정도가 됩니다. 그리고 넓이로 따지면 $\frac{1}{10,000}$ 이므로 현재보다 10,000배 정도 집적도가 높은 칩을 만들 수 있습니다.

　탄소 원자 사이의 결합은 현재 반도체의 주종을 이루고 있는 규소보다 훨씬 더 강합니다. 그래서 실내 온도의 공기 중에서 화학적으로 극히 안정되어 디지털 회로 외에도 초강력 섬유, 열, 마찰에 잘 견디는 표면 재료로도 쓰입니다. 기존의 흑연 섬유도 대략 강철만큼 강하지만 새로운 나노튜브 섬유는 그보다 10배 이상 강하고 열전도도가 규소보다 훨씬 높아 열 방출이 용이하므로 반도체 소자가 작동하면서 뜨거워지는 문제를 쉽게 해결할 수 있습니다.

　탄소는 화학적으로 성질이 이미 많이 연구되어 있으므로 폴리머(합성수지 등 고분자 화합물)를 만드는 기술 등 이미 고도로 발전된 기술을 이용하여 새로운 방면에 응용이 가능하며 규소 반도체에서 어려웠던 생물체와의 직접적인 정보 교환도 용이해질 것으로 기대하고 있습니다.

수학자가 들려주는 수학 이야기 (전 88권)

차용욱 외 지음 | (주)자음과모음

국내 최초 아이들 눈높이에 맞춘 88권짜리 이야기 수학 시리즈! 수학자라는 거인의 어깨 위에서 보다 멀리, 보다 넓게 바라보는 수학의 세계!

수학은 모든 과학의 기본 언어이면서도 수학을 마주하면 어렵다는 생각이 들고 복잡한 공식을 보면 머리까지 지끈지끈 아파온다. 사회적으로 수학의 중요성이 점점 강조되고 있는 시점이지만 수학만을 단독으로, 세부적으로 다룬 시리즈는 그동안 없었다. 그러나 사회에 적응하려면 반드시 깨우쳐야만 하는 수학을 좀 더 재미있고 부담 없이 배울 수 있도록 기획된 도서가 바로 〈수학자가 들려주는 수학 이야기〉 시리즈이다.

★ 무조건적인 공식 암기, 단순한 계산은 이제 가라! ★

- 〈수학자가 들려주는 수학이야기〉는 수학자들이 자신들의 수학 이론과, 그에 대한 역사적인 배경, 재미있는 에피소드 등을 전해 준다.
- 교실 안에서뿐만 아니라 교실 밖에서도, 배우고 체험할 수 있는 생활 속 수학을 발견할 수 있다.
- 책 속에서 위대한 수학자들을 직접 만나면서, 수학자와 수학 이론을 좀 더 가깝고 친근하게 느낄 수 있다.